菜点酒水基础知识

主　编　莫伟苗　周　兢　蔡秋萍

·成都·

图书在版编目（CIP）数据

菜点酒水基础知识/莫伟苗，周兢，蔡秋萍主编.
— 成都：电子科技大学出版社，2022.8
ISBN 978-7-5647-9535-1

Ⅰ.①菜… Ⅱ.①莫… ②周… ③蔡… Ⅲ.①烹饪—教材②食谱—教材③饮料—教材 Ⅳ.① TS972.1

中国版本图书馆 CIP 数据核字（2022）第 016993 号

菜点酒水基础知识
CAIDIAN JIUSHUI JICHU ZHISHI

莫伟苗　周　兢　蔡秋萍　主编

策划编辑　罗　丹　杨仪玮

责任编辑　刘　凡

出版发行　电子科技大学出版社
　　　　　成都市一环路东一段 159 号电子信息产业大厦九楼　邮编 610051
主　　页　www.uestcp.com.cn
服务电话　028-83203399
邮购电话　028-83201495

印　　刷　内蒙古惠明印刷包装有限公司
成品尺寸　210mm×297mm
印　　张　14.75
字　　数　445 千字
版　　次　2024 年 7 月修订
印　　次　2024 年 7 月第 1 次印刷
书　　号　ISBN 978-7-5647-9535-1
定　　价　52.80 元

版权所有，侵权必究

本书编委会

主　编

莫伟苗　周　兢　蔡秋萍

副主编

高加芹　朱晓珊　陈治凤　郑冬春

陈荣显　厉娟娟　郑庆喜

前言

职业教育是我国教育体系的重要组成部分，是实现经济社会又好又快发展的重要基础。为了进一步促进社会主义和谐社会建设，适应全面建成小康社会对高素质劳动者和技能型人才的迫切需求，党和国家把发展职业教育作为经济社会发展的重要基础和教育工作的战略重点。随着社会经济的不断发展，对职业教育的发展提出了更新更高的要求。

为了更好地适应全国职业院校烹饪、酒店管理、旅游管理、餐饮管理与服务等专业的教学要求，深化职业教育改革和发展，全面推进素质教育，提高教育教学质量，有关学校的职业教育研究人员、一线教师和行业专家共同编写了本教材。

《菜点酒水基础知识》是为了培养餐饮业所需的职业经理人、点菜师而编写的教材，知识准确、实用性强、通俗易懂，便于读者掌握和学习。本书内容选择体现了"以就业为导向，以能力为本位，以应用为目的"，与相应的职业资格标准衔接，强化技能教学，满足职业岗位"应知""应会"的要求；力求取材合适、深浅适中、通俗易懂、删繁就简，体现"少而精"的特色，利教利学。

全书共有十一章，包括烹饪基础知识、中国菜、外国菜、中式面点、西式面点、酒水基础知识、发酵酒、蒸馏酒、配制酒、鸡尾酒和常见的软饮料。

由于编者水平有限，编写时间比较紧迫，书中难免存在疏漏和不当之处，恳请各位专家、老师和读者批评指正。

编　者

目录

第一章 烹饪基础知识 / 1
- 第一节　烹饪概述及其特点 / 2
- 第二节　烹饪原料 / 5
- 第三节　烹饪技术 / 11
- 第四节　菜品命名 / 21
- 第五节　筵席菜肴 / 26

第二章 中国菜 / 31
- 第一节　中国菜概述 / 32
- 第二节　四大菜系 / 39
- 第三节　中国其他菜系 / 42
- 第四节　中国的特色风味流派菜系 / 44

第三章 外国菜 / 49
- 第一节　西餐概述 / 50
- 第二节　法国菜 / 58
- 第三节　英国菜和美国菜 / 62
- 第四节　俄罗斯菜和意大利菜 / 66
- 第五节　其他国家菜 / 71

第四章 中式面点 / 77
- 第一节　中式面点概述 / 78
- 第二节　中式面点介绍 / 84

第五章 西式面点 / 97
- 第一节　西式面点概述 / 98
- 第二节　西式面点介绍 / 100

第六章 酒水基础知识 / 107
第一节　酒水概述 / 108
第二节　酒水的分类 / 111

第七章 发酵酒 / 117
第一节　葡萄酒 / 118
第二节　啤酒 / 121
第三节　中国黄酒 / 130
第四节　日本清酒　134

第八章 蒸馏酒 / 141
第一节　中国白酒 / 142
第二节　白兰地 / 147
第三节　威士忌 / 150
第四节　伏特加 / 155
第五节　朗姆酒 / 157
第六节　金酒 / 160
第七节　龙舌兰酒 / 162

第九章 配制酒 / 167
第一节　中国配制酒 / 168
第二节　开胃酒 / 173
第三节　甜食酒 / 177
第四节　利口酒 / 181

第十章 鸡尾酒 / 185
第一节　鸡尾酒的概述和分类 / 186
第二节　鸡尾酒的调制 / 189
第三节　经典款鸡尾酒 / 194

第十一章 常见的软饮料 / 201
第一节　茶 / 202
第二节　咖啡 / 213
第三节　其他饮料 / 219

第一章

烹饪基础知识

第一节　烹饪概述及其特点

※学习目标※

1. 掌握烹饪的概念。
2. 掌握中国烹饪的特点。
3. 了解中国烹饪的发展历史。

一、烹饪的概念

"烹"就是煮的意思，"饪"是熟的意思。狭义地说，烹饪是加热食物使之成熟，一般专指菜肴和饭食；广义地说，烹饪是指对食物原料进行合理选择调配，洗净加工切配，加热调味，使之成为色、香、味、形、质、营养兼备，安全无害，利于吸收、有益健康的饭食菜品，包括调味熟食，也包括调制生食。

二、中国烹饪的特点

（一）用料广泛，选料讲究

我国地大物博，物产丰富。有人开玩笑说，除了天上飞的飞机、地上跑的汽车、水里游的潜水艇不吃，其他的都吃。据不完全统计，可用于烹饪的原料已多达上万种，而常用的有3000多种。在选择原料方面，我国的厨师历来都很讲究，力求鲜美，不同的菜肴的选料有不同的要求。所以，中国的烹饪原料十分注重产地、产季、部位等。正是因为选料精细讲究，形成了中国各式各样的名菜，流传甚广。

（二）刀工精细，善用火候

中国的烹饪工艺流程，在刀工的处理上尤为讲究。不同的刀工处理出来的原料受热程度、成熟度等都不一样，所形成的菜肴的质感、口味也就相差甚远。古代的中国厨师就已深谙其道，经过一代代厨师总结经验、传承创新，形成了劈、切、锲、削、斩、剥、刻等数十种用刀技法，而原料的造型也多达上百种，如丝、片、条、块、丁、粒、段、蓉、蓑衣形（见图1-1-1）、麦穗形、菊花形等。不同刀工的运用，使得菜肴更具口感、质感，更提升了菜肴的美感和档次。

图1-1-1

除了刀工,中国菜肴的烹制在运用火候方面也极为考究。中国烹饪善用火,火力的大小、加热的时长,直接决定了菜肴的质量。火候通常分为旺火、中火、小火、微火,按火力强弱等因素又分为猛火、冲火、旺火、慢火、文火等。不同的菜肴烹制需要运用不同的火候,这样才能使菜肴各具特色。

(三)烹调方法多样,花样繁多

中国菜肴的烹饪方法多达几十种,如炒、炸、滑、熘、爆、烹、炖、煎、焐、烤、蒸、煮、烩、熏、氽、腌等。因此,"一料多法""一法多料",使得菜品形成酥、脆、软、糯、烂、滑、嫩等不同质感,大大丰富了菜肴的品种。

(四)讲究调味,合理配膳

中国烹饪既重视烹饪原料的本味,又强调调味料的赋味,更注重多味调和。我国的调味料众多,加上多种调味手法及加热效应,充分发挥了味的综合、对比、抑制、相乘、掩盖、转换等作用,使得中国菜肴味型多样,各具风味。

同时,我国的烹饪十分注重原料的各种营养成分、特点,进行合理配膳,科学烹调,这样既保证了菜肴的色、香、味、形、质,又保证了营养的摄入。由此发展形成了独具中国特色的药膳菜肴。

(五)注意衬托,器皿讲究

我国的菜肴非常重视衬托和器皿的选配,不仅注重原料本身的搭配和造型的拼摆,更注重利用器皿来衬托菜肴,使得菜肴更具美感,锦上添花。

(六)风味流派众多,风格各异

中国烹饪可以从不同的角度分为众多类型,如四大菜系、八大菜系。不同类型之间还发生交叉融合,形成另一层次的流派,如地域和其他类型交叉,出现了不同地区的荤食、素食、市肆、家庭、仿制风味等。

三、中国烹饪的发展历程

中国烹饪的诞生,以用火熟食为标志,其发展大致可分为五个阶段:火烹时期,主要在旧石器时代;陶烹时期,主要在新石器时代;铜烹时期,主要在夏、商、西周时期;铁烹时期,从春秋战国开始直至明清时期;近现代烹饪,从辛亥革命至今。

(一)火烹时期(萌芽期)

1918年,考古工作者在北京周口店发现北京人遗址(见图1-1-2),从而考证出,早在70多万年前先民便学会了用火。由生食到熟食,是文明的开端,中国烹饪进入了萌芽期。

图1-1-2

（二）陶烹时期（形成期）

人类在用火的过程中，逐渐认识了黏土的性能，了解了它在高温下可发生质的变化。古人在无数次的实践中，发现被火烧过的黏土会变硬，而且不再熔化，可以制作器皿，于是，原始的陶器出现了。原始人的生活由此发生了巨大的变化。不同的炊具可以做出不同味道的食物，罐、釜、鬲、鼎等可以加水煮制食物；甑（见图1-1-3）可以用作蒸器；鏊（见图1-1-4）则可以用于烙饼。蒸、煮、炖、烤等烹饪方法由此产生。

图1-1-3

图1-1-4

（三）铜烹时期（发展期）

夏、商、西周时期，轻薄精巧的青铜器皿登上烹饪舞台。青铜器比陶器灵巧、牢固，使用更方便。青铜器的出现使烹饪获得更大的发展。青铜刀具的出现，使刀工技术得到较大发展。在火候方面，厨师已经懂得文火、武火的运用，油炸和锅煎的烹调技术得以诞生。

（四）铁烹时期（繁荣期）

铁制炊具的出现进一步改善了烹饪的条件，烹饪方法逐渐增多。相比于铜制刀具，铁制的刀具更锋利，使原料的加工工艺逐步变得精细。在唐代，丁、块、丝、片等形状的菜品原料已经常使用。宋代出现了剞刀技术，菜肴品种明显增多，筵席逐渐丰富。清代出现了满汉全席（见图1-1-5），集名菜佳肴之大成，是我国古代烹饪文化精华的体现。在这一时期，面食、小吃也获得了很大的发展。随着烹饪技术的发展和菜点品种的繁荣，烹饪理论日渐成熟，不断涌现出新的关于食疗、烹饪方法的书籍。

图1-1-5

知识链接

满汉全席是清朝时期宫廷盛宴。它既有宫廷菜肴之特色，又有地方风味之精华；突出满族与汉族菜的特殊风味，既有烧烤、火锅、涮锅等菜点，同时又展示了汉族烹调的特色，扒、炸、炒、熘、烧等兼备，实乃中国烹饪文化的瑰宝。满汉全席原是清代宫廷中举办宴会时满人和汉人合坐的一种全席。满汉全席上菜一般至少一百零八种（南菜54道和北菜54道），有咸有甜，有荤有素，取材广泛，用料精细，山珍海味无所不包。

（五）近现代烹饪阶段

辛亥革命以后至今，中国烹饪有了极大的变化，发展迅猛。在这一阶段，烹饪工具趋于现代化；烹饪生产更加机械化、规范化和标准化；优质烹饪原料品种多样化；烹饪文化与技术交流频繁；现代营养学融入中国烹饪，与传统食疗养生学说并存；创新筵席大量涌现，饮食市场空前繁荣。

第二节 烹饪原料

✹学习目标✹

1. 掌握烹饪原料的概念。
2. 掌握烹饪原料的特点。
3. 了解烹饪原料的分类。

一、烹饪原料概念

烹饪原料是指符合饮食要求，能满足人体的营养需要，并能通过烹饪手段制作成各种菜点的食物原材料。

二、烹饪原料的特点

（一）具有食用安全性

安全性是指由某种原料加工的菜点被食用以后对人体无毒副作用。烹饪原料的安全性是不容忽视的属性，有些原料虽然有良好的口味、色泽和外观，但是潜伏着巨大的危害性，如原料自身固有的毒素、传染性病毒、寄生虫及农药残留、工业污染等，就不能食用。

（二）具有营养价值

烹饪原料的营养价值是指某种烹饪原料中所含营养素和热量满足人体营养需要的程度。人们进行饮食活动的目的是获取维持人体正常代谢所需的营养物质，维持人体代谢能量、代谢物质的转换。烹饪原料包含糖类、蛋白质、脂肪、矿物质、维生素和水六大类营养素。但在不同的烹饪原料中，各类营养素的组成及比例差别较大。烹饪中应合理搭配各种烹饪原料，尽可能地提高菜品的营养价值。

（三）具有适口性

适口性是指烹饪原料的口感和口味，它是影响烹饪原料食用价值的因素之一。烹饪原料的适口性，直接影响菜肴成品的口感和口味。即使有一定的营养价值，但口感和口味极差的原料也不宜用作烹饪原料。

三、烹饪原料的分类

为了一定的目的和实际需要，按照烹饪原料的性质及有关特征，选择恰当的标准和依据将各种各样的烹饪原料品种进行系统的归纳分类，叫烹饪原料的分类。

（一）粮食原料

粮食是烹饪食品中作为主食的各种植物种子的总称，也可概括称为"谷物"。粮食是制作各类主食的主要原料，主要包括谷类、豆类、薯类及它们的制品原料。其所含营养物质主要是淀粉，其次是蛋白质。粮食是人类膳食的重要组成部分，是最基本的食物原料，是人们所需能量的主要来源，因此，粮食是关系国计民生的重要物资。

粮食的分类方法比较多，一般主要按其性质和应用范围来进行分类。

1.按性质分类

1）谷类粮食

谷类粮食又称为谷类作物。在植物分类上，除荞麦等少数品种以外，绝大多数隶属于禾本科，如稻、小麦、燕麦、玉米、高粱、粟（见图1-2-1）、黍（见图1-2-2）等。

图1-2-1

图1-2-2

2）豆类粮食

豆类粮食在植物分类上属于豆科植物，如黄豆、绿豆、蚕豆、扁豆、赤豆等（见图1-2-3）。

图1-2-3

3）薯类粮食

薯类粮食在植物分类上属于不同的科，它们的块根或块茎都含有丰富的淀粉，可作为代粮食物，如甘薯（红薯、山芋、白薯）、木薯（见图1-2-4）等。

4）粮食制品

粮食制品根据加工所用的原料又可分为谷类制品、豆制品、淀粉制品三类。谷类制品（米面制品）如面筋、烤麸、米线等，豆制品如豆腐、豆干、百叶、腐竹（见图1-2-5）等，淀粉制品如粉丝、粉皮等。

图1-2-4

图1-2-5

2.按应用范围分类

1）主粮

主粮是"当地主要粮食"的简称，是指各地生产的主要粮食品种。从全国范围来看，现在的主粮主要是指水稻与小麦（见图1-2-6）。

图1-2-6

知识链接

南米北面，是指我国南北方的饮食习惯不同。南方主食米饭，北方主食面食。

南米北面与南北方的农业生产结构不同有关。我国南方的气候高温多雨，耕地多以水田为主，所以当地的农民因地制宜种植生长习性喜高温多雨的水稻。而我国北方降水较少，气温较低，耕地多为旱地，适合喜干耐寒的小麦生长。所谓"种啥吃啥"，长此以往，便形成了南米北面的饮食习惯。

不过凡事有例外，东北地区虽属北方，但水分充足适合，优质水稻生长，当地主食更侧重米饭；同时东北人大多是山东、河北移民后裔，故对面食也不排斥。华北的京津地区由于明清时期由南方漕运的粮食多为稻米，饮食习惯上对米饭接受度高于华北其他地区。一般以米饭为主食的东北和南方大部分地区将米饭简称为"饭"；而河南、山东、山西、陕西、甘肃等以面食为主的地区一般会把米饭简称为"米"，"炒饭"即称"炒米"，而在南方，炒米是另外一种小吃。

2）杂粮

杂粮一般是指粗粮，主要有两种说法：一是指除主粮以外的各种粮食作物的总称；二是指除稻谷、小麦以外的各种粮食作物的总称。其特点是生长期短，种植面积少，种植地区特殊，产量较低，一般都含有丰富的营养成分。

（二）蔬菜原料

蔬菜是植物性烹饪原料中重要的一大类群，通常是指可供佐餐食用的草本植物。此外还包括少数木本植物的嫩条、嫩茎和嫩叶以及部分低等植物。

我国地大物博，有着丰富的蔬菜品种，加工成的制品更是多种多样，它们已成为人们生活中主要的蔬菜食品。

1.蔬菜分类

蔬菜在不同的领域有很多不同的分类方法，例如植物学、农业学、生物学等专业领域都有不同的分类方法。蔬菜种类繁多，为了便于学习和研究，必须进行系统分类，目前常用的蔬菜分类方法有如下三种。

1）按植物学分类

这种分类方法是根据植物的形态特征、蔬菜的亲缘关系，从生理、遗传、形态特征等方面，按照门、科、属、种等进行系统分类。这种方法一般为科研部门所采用。

2）按农业生物学分类

这种分类方法是根据蔬菜生长发育的习性和栽培方法，以蔬菜的农业生物学的特性作为分类的依据，将类似的各种蔬菜归纳成类，可分为根菜类、白菜类、绿叶蔬菜类、葱蒜类、茄果类、瓜果类、豆类、薯芋类、水生蔬菜类、多年生蔬菜类、食用菌类等。

3）按主要使用部位分类

这种方法是根据人们食用蔬菜的不同部位归纳分类，可分为根菜类（见图1-2-7）、茎菜类、叶菜类、花菜类、果菜类、菌藻类蔬菜六大类。这种方法容易掌握，便于记忆。

图1-2-7

（三）果品原料

果品，一般是指木本果树和部分草本植物所产的可以直接生食的果实（如苹果、草莓、西瓜等）。也常包括种子植物所产的种仁（如裸子植物的银杏、香榧子、松子及被子植物所产的莲子、花生等）。目前人类栽培的果品已达数百种，其中比较重要的有300余种，作为商品供应的有100多种。

在商品经营中，一般将果品分为鲜果、干果和果品制品。其中，鲜果是果品中种类最多也是最为重要的一类。

（四）畜类烹饪原料

畜类原料主要指猪、牛、羊等畜类动物的肌肉、内脏及制品，畜类原料含有丰富的蛋白质、脂肪、无机盐及脂溶性维生素。畜类原料的消化吸收率高，饱腹作用强，经过烹调加工可制成美味佳肴，是我国居民喜食的动物性原料。

（五）禽类烹饪原料

1.禽类原料的概念

家禽是指人类为满足对肉、蛋等的需要，在长期的人工饲养的条件下逐渐驯化而成的，能生存繁衍且有一定经济价值的鸟类，如鸡、鸭、鹅、鹌鹑、家鸽、火鸡（见图1-2-8）等。

2.家禽原料的分类

家禽可以按用途分、按产地分等，常用的方法是按用途分类。

（1）肉用型家禽，以产肉为主。肉用型家禽体型较大，肌肉发达，躯体宽而身短，外形丰满，行动迟缓，性成熟晚，性情温顺。如浦东鸡（见图1-2-9）、白羽肉鸡、清远麻鸡、惠阳鸡、北京填鸭、建昌鸭等。

图1-2-8

图1-2-9

（2）蛋用型家禽，以产蛋为主。蛋用型家禽体型较小，活泼好动，性成熟早。如来杭鸡、仙居鸡、金定鸭、绍鸭等。

3）肉蛋兼用型家禽，体型介于肉用型和蛋用型之间，同时具有两者优点。如寿光鸡、娄门鸭、高邮鸭（见图1-2-10）、白洋淀鸭等。

图1-2-10

（六）水产品类烹饪原料

1.水产品的概念

水产品是指生活在海洋、江河、湖泊中的，具有一定经济价值和食用价值的动植物性原料，如鱼类、虾蟹类、贝类、海藻类等，是重要的烹饪原料之一。

2.水产品的分类

1）鱼类

（1）海水鱼类。如黄鱼、鲳鱼等。

（2）淡水鱼类。如青鱼、草鱼等。

2）虾蟹类

（1）虾类。如龙虾、对虾等。

（2）蟹类。如珍宝蟹、梭子蟹（见图1-2-11）等。

图1-2-11

3）两栖类及爬行类

（1）两栖类。如牛蛙、蛤士蟆等。

（2）爬行类。如乌龟、鳖（见图1-2-12）、蛇等。

4）软体类

（1）腹足类。如田螺、鲍鱼等。

（2）瓣鳃类。如文蛤（见图1-2-13）、河蚌等。

图1-2-12

图1-2-13

（3）头足类。如乌贼、鱿鱼等。

4）其他类

如海参、海蜇等。

（七）调味品

1.调味品的概念

调味品又称为调味料、调味原料、调料，是在烹饪过程中用于调整或调和菜肴滋味的一类烹饪原料的统称。其用量少，但是对菜肴的色、香、味、营养、安全起着重要作用。调味品各呈味成分在烹调过程中与菜肴的主配料发生物理化学反应作用，从而形成菜肴各自独特的风味，体现出"一菜一格，百菜百味"。

2.调味品的分类

（1）咸味调味品。如食盐、酱油、酱类、豆豉等。

（2）甜味调味品。如蔗糖、蜂蜜、饴糖等。

（3）酸味调味品。如米醋、白醋、番茄酱、柠檬汁等。

（4）麻辣味调味品。如花椒、辣椒、芥末、胡椒、咖喱粉等（见图1-2-14）。

（5）鲜味调味品。如味精、鱼露、蚝油、虾子等。

（6）香味调味品。如八角、桂皮、孜然等（见图1-2-14）。

图1-2-14

第三节　烹饪技术

学习目标

1. 了解冷菜制作技术。
2. 了解热菜制作技术。
3. 了解中餐味型和基本调制方法。
4. 了解西餐烹饪技术。

一、中餐烹饪技术

（一）冷菜制作技术

冷菜是菜肴中一个重要的种类，其制作技术是烹饪技术中一个重要的组成部分。冷菜在筵席中具有先声夺人、突出显示筵席规模与水平的作用。冷菜常用的制作方法有以下几种。

1. 拌

拌是指将能生食的原料或熟制晾凉的原料加工切配成较小的丝、丁、片、块等形状，再用调味料直接调拌成菜的烹调方法。拌按选料和菜品特点分为生拌、熟拌、生熟拌三种。拌制的菜肴用料广泛，如熟料多用烧鸭、五香鸡、海蜇、鱿鱼、猪肚等；生料则多用莴笋、黄瓜、胡萝卜、番茄以及水果等。拌菜的调味料主要用精盐、醋、酱油、香油，也可根据不同口味需要加入白糖、味精、蒜泥、姜末、葱花、花椒油、辣椒油、芥末等。拌菜的口味有糖醋味、酸辣味、麻辣味、蒜泥味、姜汁味、红油味、怪味等。拌菜具有香脆嫩、清凉爽口、味型多样等特点（见图1-3-1）。

图1-3-1

2.炝

炝是将加工成丝、片、条、块等形状的小型原料,以滑油或沸水打焯,以花椒、辣椒、精盐为主要调料调拌成菜的一种烹调方法。炝菜均得加热成熟,根据菜品需要,选择滑油炝或水炝的方式使原料断生。

炝菜的原料一般有莲菜、芹菜、冬笋、芦笋、菱白、豌豆、海米、鸡肉、鱼肉、虾仁等。炝菜常用的调味品有精盐、味精、姜丝、花椒油、胡椒粉、花椒面。炝菜成品具有脆嫩、鲜、醇香、色泽鲜艳等特点(见图1-3-2)。

图1-3-2

3.酱

酱是指将经腌制或焯水后的原料放入酱汤中,先用旺火烧沸,再用小火煮至熟烂的一种烹调方法。

具体制法是将经过初步加工的原料,用盐(或酱油)腌制或焯水,放入用酱油、精盐、料酒、白糖、味精、香料等调制的酱汤(制作酱汤的香料主要有花椒、八角、桂皮、草果、丁香、小茴香、甘草、砂仁、豆蔻、白芷、陈皮等,保存使用的酱汤称为"老汤")中,用旺火烧沸撇去浮沫,小火煮熟,制成酱制品捞出,再取部分酱汤用微火熬浓汤汁,浇在酱制品表面,或将煮熟的酱制品浸泡在原酱汤中。适用于酱的原料大多是鸡、鸭、鹅、猪、牛、羊及其内脏。酱制的菜肴具有酥烂味厚、浓郁咸香的特点。

4.卤

卤是将原料放入调好的卤水中,用小火煮至成熟,再用原汁浸入味的一种烹调方法。卤的原料大多是鸡、鸭、鹅、猪、牛、羊及其内脏,以及豆制品、禽蛋类等。制作卤菜主要是靠调制卤水(又称卤汤)。卤水使用的时间越长,卤制的原料越多,质量越佳,被称为"老卤"。卤水所用的调味料有精盐、白糖、料酒、葱、姜、八角、桂皮、砂仁、花椒、草果、小茴香、三奈、丁香等。由于菜肴不同,卤汤调味料投入也不一样,其中放酱油的卤水称为红卤水,制品油润红亮(见图1-3-3);不放酱油的卤水称为白卤水,成品白色或本色。卤制品的特点是质地软熟酥烂、香鲜醇厚滋润。

图1-3-3

5. 酥

酥是指将原料和经熟处理的半成品，按顺序排列放入锅内，加入以醋为主的调味品，以小火长时间地焖、煨至骨酥、肉烂、酥香味浓的烹调方法。酥制的重要工艺在于调制汤汁，使原料酥烂的调料是醋，所以掌握好醋的用法是做好酥菜的关键。酥制品的特点是菜肴骨质酥软，味鲜咸带酸微甜，略有汤汁。

6. 煿

煿是指将原料炸成半成品，加调料和汤，用小火加热、收尽汤汁的一种烹调方法，使用的原料有鸡、鸭、鱼、虾、猪肉、牛肉、排骨、兔肉、豆制品等。原料的形状以丝、片、丁、块、段等为主。煿制品具有质地酥软、甘香滋润的特点，口味有咸甜味、五香味、麻辣味、糖醋味、茄汁味、咸鲜味等。

7. 熏

熏是指将经加工处理后的半成品，放进加入了糖、茶叶、甘皮及香料的熏锅中，在加热过程中，利用熏料散发的烟香将原料熏制成菜的烹调方法。熏主要适用于动物性原料及豆制品。制品色泽美观，甘香浓郁，并有特殊的烟香味（见图1-3-4）。

图1-3-4

8. 冻

冻是将含胶质的原料放入水锅中熬或蒸制，使其胶质溶于水中，经冷却使原料凝结成一定形态的一种烹调方法。制冻的原料主要有猪肉皮、冻粉、食用明胶、猪肘子、猪爪、猪耳、羊羔、鸡、虾、鱼等。

冻制品的特点是：色彩美观、柔嫩滑润、口鲜味醇。由于制品均具有清澈透亮的特点，故冻菜又有"水晶"的美誉。

（二）热菜制作技术

热菜是在指食用原料经加工改刀后，通过各种传热方法，经合理调味与恰当的火候烹制出的菜肴，食用时具备符合就餐者生理要求的热度。热菜常用的制作方法有以下几种。

1. 炸

炸是以油为传热介质,将加工处理的原料投入热油锅中炸至成熟的一种烹调方法。炸的技法以旺火、大油量、无汁为主要特点。

炸制的菜肴香、酥、脆、嫩(见图1-3-5)。在食用菜肴时,配调味料(椒盐、番茄汁等)蘸食,补充或增加菜肴滋味。

图1-3-5

2. 炒

炒是以铁锅和油为传热介质,将切配后的小型原料放入油锅中,用旺火快速翻拌成熟的一种烹调方法。适用于炒的有家禽、家畜、蛋类、河鲜、海鲜、各种植物性原料等。

炒的操作一般要求旺火速成,特点是口味鲜美,以咸鲜为主,也有酸、辣、甜或其他口味。炒制的菜肴口感滑嫩(或脆爽)。炒的方法较多,常见和常用的有滑炒、煸炒、干炒、软炒等。

3. 爆

爆是以高温油作为传热介质,主料改刀后用七至八成热油滑熟倒出,炝锅后倒回主料淋上事先兑好的芡汁,快速翻炒成菜的烹调方法。

爆制的菜肴具有形状美观、脆嫩爽口、紧汁亮油等特点(见图1-3-6)。爆适合质地脆嫩的动物性原料,如腰子、肚仁、鱿鱼、鸡胗、虾、海螺等。这些原料在烹制前一般要切花刀,不仅能使菜肴的形状美观,而且能在短时间内使原料迅速成熟,保证了菜肴的鲜嫩。

图1-3-6

4. 熘

熘是以油或水为传热介质,将加工切配好的原料加热至熟,然后调制芡汁淋于原料上或将原料投入芡汁在锅中熘制入味的一种方法。按操作方法可将其分为脆熘、滑熘、软熘三种。

脆熘又称烧熘、焦熘或炸熘,是以油为传热介质,将原料改刀挂糊处理后,用旺火热油炸至香脆成熟,再用兑好的芡汁制成菜的方法。其特点是外焦里嫩，一般以甜酸口味较为常见。例如，糖醋鲤鱼、松鼠黄鱼、糖醋菠萝咕噜肉。

滑熘又称鲜熘，是将切配成形的原料，经上浆处理，用温油划散成熟，再用调配好的芡汁熘制成菜的方法。滑熘的菜肴具有滑嫩鲜香的特点。例如，滑熘鸡片、香滑鲈鱼球、鲜熘鸡丝。

软熘是以水为传热介质，将质地软嫩的原料改刀后，经过水煮或蒸，再浇上调制好的芡汁熘制成菜的方法。软熘具有口味清淡、质感软糯的特点。例如，西湖醋鱼、软熘虾仁、软熘草鱼。

5.烧

烧是将加工处理好的原料经煸炒、油炸或焯水等初步熟处理后，加适量的汤汁和调味品，慢火加热至原料入味熟烂的一种烹调方法。

烧的菜肴，具有芡汁浓而宽、原料软或熟烂等特点。

6.扒

扒是将初步熟处理的原料按要求整齐地推入锅内，加汤汁和调味品，用小火加热入味，勾芡后装盘的一种烹调方法。

扒制的菜品具有整齐美观、汁浓料烂的特点。例如，鸡腿扒海参、白扒鱼肚、扒肘子。

7.炖

炖是将经过加工处理的大块或整菜原料，经焯水处理放入炖锅或其他陶瓷器皿中，加多量汤水，加热至熟烂的烹调方法。

炖制的菜品具有汤较多、原汁原味、形态完整、软熟酥烂的特点。例如，清炖甲鱼、清炖鸡等。

8.焖

焖是将经过初步熟处理的原料置于汤汁中，调味后加盖用小火加热成熟并收汁至浓稠成菜的烹调方法。

焖制的菜品具有形状完整、不碎不裂、汁浓味厚、酥烂鲜醇的特点。焖按菜肴色泽分为红焖、黄焖两种；按所使用的调味料特点又分为酱焖、油焖、沙茶酱焖等。

9.烩

烩是以水为传热介质，将多种小型原料经初步熟处理后放入锅中，加入鲜汤，调味加热成熟，用湿淀粉勾芡，使汤、料融为一体的烹调方法。

烩制的菜品是半汤半菜，原料多样，以鲜咸味为主，汤醇味厚，原料鲜香嫩糯。例如，烩乌鱼蛋、瑶柱三丝羹。

10.氽

氽是以水为传热介质，将加工后的原料放入沸汤中烫熟，带汤一起食用的烹调方法。

氽用于质地脆嫩、无骨形小原料，是制作汤菜常用的方法之一。氽制的菜品具有汤清、味鲜、原料细嫩爽口等特点。例如，氽鱼丸、口蘑氽双脆、龙井氽鸡丝等。

11.涮

涮是用火锅将汤烧沸，把形小质嫩的原料放入汤内烫熟，随即蘸料食用的烹调方法。

涮具有原料生鲜、蘸料多样、锅热汤滚、自涮自食等特点。例如，涮羊肉、涮海鲜、菊花火锅等。

12.蒸

蒸是以蒸汽传热，使经过加工、调味的原料成熟或熟烂入味的一种烹调方法。蒸制菜肴的工具有蒸箱、蒸笼、蒸锅。

蒸类的菜品具有湿润鲜香、原汁原味、质地鲜嫩或酥烂、形状完整等特点（见图1-3-7）。蒸制的菜肴按加工方法和成菜特点分为清蒸、粉蒸两种。

图1-3-7

13.烤

烤是指将原料腌制或加工成半成品以后，放入烤炉，利用辐射热烤至熟的一种烹调方法。

烤制的菜品具有色泽鲜艳、皮脆肉嫩、香味浓郁等特点（见图1-3-8）。

图1-3-8

（三）中餐味型

1.家常味型

家常味型属大众味型，咸鲜味辣，略有醋香，使用豆瓣或泡红辣椒，用酱油调制成不同风味，需要时可加白糖或甜面酱、料酒、豆豉、葱、姜、蒜苗调味。

2.麻辣味型

麻辣味型比一般的辣味菜多了麻味的口感，主要是花椒的麻味加入红辣椒或辣椒油的辣味，使菜品又麻又辣。

3.胡辣味型

胡辣味型香辣微麻，回味略甜，热菜回味时带酸甜。调料有干红辣椒、花椒粒、酱油、醋、白糖、葱、姜、蒜等。胡辣味主要来自红辣椒和花椒。

4.鱼香味型

鱼香味型是根据传统烹调鱼的调味方法，大量利用葱、姜、蒜的辛香，加上红辣椒的辣味（原是用来去鱼腥的）。葱、姜、红辣椒均需切成末以热油爆香，加入酱油、糖、醋调成料汁制作各种肉类、豆制品、蔬菜，香味浓郁，咸、甜、酸、辣兼备。

5. 酸辣味型

酸辣味型咸鲜味浓，以盐、醋、胡椒粉、料酒、味精、酸味为主体，辣味辅助。

6. 姜汁味型

姜汁味型咸辛微辣，调料是姜汁、醋、盐、料酒、香油、味精，以咸味为基础，可根据菜肴的要求和风味酌情加入少许豆瓣，但不能影响姜味。

7. 陈皮味型

陈皮味香，麻辣味厚，微甜，多用于凉菜。其调料构成为陈皮、干辣椒、花椒、白糖、盐、糖、葱、姜、蒜、红油、味精等。

8. 蒜泥味型

蒜泥味型蒜香浓郁，咸鲜微辣，多用于凉菜。其调料构成为蒜泥、酱油、红油，现场制菜，现场调制。

9. 椒盐味型

椒盐味型鲜咸微麻，是用生盐炒干水分出香味，主要调料为花椒。

10. 芥末味型

芥末味型酸醇咸鲜，芥末冲辣，辛辣鲜香。其调料构成为盐、白酱油、醋、芥末或者芥末糊膏、味精、香油。调制时酱油要少，否则影响菜肴的色泽。

11. 怪味型

怪味型咸、甜、麻辣、酸、鲜、香，各味兼而有之，注重协调，多用于凉菜。其调料构成为盐、酱油、白糖、花椒面、料酒、醋、味精、香油、芝麻酱、熟芝麻等。

12. 咸鲜味型

咸鲜味型咸鲜清香，以盐、味精调制而成。

13. 红油味型

红油味型香辣鲜，回味略甜。其调料构成为红油、酱油、白糖、味精，调制时辣味要轻。

14. 椒麻味型

椒麻味型鲜香，味咸，清鲜。调料由盐、花椒粒、葱叶、味精、香油、凉鸡汤制成。

15. 麻酱味型

麻酱味型突出芝麻酱香，鲜咸醇正。调料由芝麻酱、盐、香油、味精、鸡汤调制而成。

16. 荔枝味型

荔枝味型咸鲜味浓，回味酸甜，多用于热菜。调料由盐、醋、白糖、葱、姜、蒜、味精调制而成。调制时以咸味为基础，才能体现出酸甜味，醋应多，姜、葱、蒜只取清香味道，用量不宜过多。

17. 糖醋味型

糖醋味型糖醋味浓，回味甜鲜，用于冷、热菜。调料由葱、姜、蒜、料酒、糖、醋调制而成，制作冷菜时不放葱、姜、蒜，甜味浓的菜不放味精。

18. 咸甜味型

咸甜味型咸、甜并重，兼有鲜香，用于热菜调料。调料以盐、白糖、胡椒粉、料酒、葱、姜、味精为主，根据需要可适当加入冰糖、糖、五香粉、花椒、香油等。

二、西餐烹饪技术

（一）煎

煎是将原料加工成型后加入调料使之入味，再投入油量少（一般浸没一半原料）、油温较高（一般为七八成热）的油锅中加热至熟的一种烹调方法。煎可分为清煎、软煎等。如葡式煎鱼、煎小牛肉、意式煎猪排等。

（二）炸

炸是将原料加工成形后调味，再对原料进行挂糊后投入油量多（一般应完全浸没原料）、油温高（七八成热）的油锅中加热至熟的一种烹调方法。炸可分为清炸、面包粉炸、面糊炸等。如炸鱼条、炸鸡腿、炸黄油鸡卷等。

（三）炒

炒是将加工成丝、丁、片的小型原料，投入油量少的油锅中急速翻拌，使原料在较短时间内炒熟的一种烹调方法。在炒制过程中一般不加汤汁，所以炒制类菜具有脆嫩鲜香的特点。如俄式牛肉丝、炒猪肉丝等。

（四）串烧

串烧是将加工成片、块、段状的原料加调料腌渍入味后，用签子串起来放在敞开式炭火炉上直接烤炙至熟的一种烹调方法。串烧类菜肴具有外焦里嫩、色泽红褐、香味独特的特点。如羊肉串、杂肉串、牛里脊串、海鲜串等。

（五）煮

煮是将原料放入能充分浸没原料的清水或清汤中，用旺火烧沸，再改用中小火煮熟的一种烹调方法。煮制菜肴具有清淡爽口的特点，同时也保留了原料本身的鲜味和营养。如煮鱼鸡蛋沙司、煮牛胸蔬菜、柏林式煮猪肉酸白菜等。

（六）焖

焖是将原料初步热加工（一般为过油和着色）后放入焖锅，加入少量沸水或沸汤（一般浸没原料的1/2~2/3），用微火长时间加热使原料成熟的一种烹调方法。焖制成熟的菜肴所剩汤汁较少，具有嫩软酥烂、滋味醇厚的特点。如干果焖羊肉、意式焖牛肉、乡村式焖松鸡、苹果焖猪排等。

（七）铁扒

铁扒是将加工成形的原料加调料腌渍后放在扒炉上加热至规定的成熟度的一种烹调方法（见图1-3-9）。扒制菜肴宜选用质地鲜嫩的原料，具有香味明显、汁多鲜嫩的特点。如西冷牛排、铁扒里脊、铁扒比目鱼等。

图1-3-9

（八）烩

烩是将原料经初步热加工后加入浓汤汁（沙司）和调料，用先旺后小的火力使原料成熟的一种烹调方法。烩制菜肴具有口味浓郁、色泽艳丽的特点。如蜜桃烩鸡、薯烩羊肉、辣根烩牛舌、咖喱鸡等。

（九）烤

烤是将原料初步加工成形后，加调味品腌渍使之入味，再放入烤炉或烤箱加热至上色的一种烹调方法。如烤火鸡、烤牛外脊、蜜汁烤鸭等。

（十）焗

焗是指将各种经初步加工基本成熟的原料，放入耐热容器内，加调味沙司后放入烤箱加热的一种烹调方法。菜肴因带有沙司，所以具有质地鲜嫩、口味浓郁的特点。如焗蜗牛、焗小牛肉卷、焗羊排、丁香火腿、海鲜通心粉等。

三、特殊烹调技术

（一）石烹

石烹是利用石块、石板传递热量的烹饪方法。

1. 石板烧

石板烧的炊具是石板。这种石板选用优质花岗石，经过裁切、减薄、磨光，制成约25厘米见方的石块，厨房在预热加工时，先用电炉将石板烧至300℃左右，趁热放在一只铁盘内，石板面上涂些芝麻油，即可用于烧制菜肴。

石板烧制成的菜品特色鲜明，皮脆肉嫩，色艳味鲜，质感自行掌控，调味因人而异。

2. 桑拿石烹

桑拿石烹是将大小相等的小型鹅卵石，洗净后放入烤盘中，放入烤箱，待烤烫后，盛入耐高温的玻璃器皿（或木质器皿）中，然后投入生的原料，浇入兑好的汁，盖上盖，烧烫的卵石遇到原料和汁，发出吱吱啦啦的响声，蒸汽喷涌而出，犹如洗桑拿浴一样。待生料烫熟，料汁入味，菜肴即可食用，口感鲜嫩爽滑。

（二）铁板烧

铁板烧又称铁板烤，是一种特殊的烹制方法。具体操作方法有两种：一种是将原料经滑油或爆制后，或将原料用竹扦或铁扦穿插起来，先经热油炸制，再放到加热的铁板上，将卤汁浇在原料上，加盖保温，以热气蒸腾成菜；另一种是大铁板烧，是将加工后的原料放在特制的大铁板上，边煎烧边调味，用手铲拨动、翻拌而成菜。

（三）干锅

干锅菜是用无耳平底锅（俗称干锅），半煎半煮烹制原料，或者事先将菜烹制完毕或接近完毕时放入锅中，最后收干成菜的烹饪技法（见图1-3-10）。干锅菜的原料选择较广泛，原料可以上浆，也可选鲜嫩的块状料。烹调时要加入洋葱、大葱或其他香料来提味，并要添入少许高汤，用大火烧至汤干即成。

图1-3-10

（四）泥烤

泥烤是将加工好的原料腌制，用荷叶等包上，再均匀裹上一层黏质黄泥，埋入烧红的炭火中（或放入烤炉内）进行加热烤熟的技法。

（五）烟熏

烟熏是将原料置于密封的容器中，利用燃料不完全燃烧所生成的烟和热量使原料成熟，并带有浓郁烟熏味的技法。烟熏多用于烹制动物性原料，也可用于烹制豆制品和蔬菜。原料可整熏，也可切成条、块状熏制。

四、无明火烹调技术

无明火烹调法指运用电磁、微波等产生的热能，使食物原料受热成熟的方法。因为产生热能时，无明显的火焰，故称无明火加热法。

（一）微波加热法

利用微波烹调菜品是近年来国内较为流行和普及的一种方法。微波烹调法和其他烹调方法有所不同，微波加热食物是里、外同时进行的，加热时间很短。

（二）电磁加热法

电磁加热是利用电磁感应加热来烹制食物的，它是一种安全、高效、环保的无明火加热方式。电磁加热的主要用具是电磁灶。酒店厨房的电磁灶形体较大，且有不同功能，如电磁炒炉、电磁汤炉等。

（三）电能加热法

电能是一种清洁卫生的烹制热源，烹制食物已很普遍，它主要将电能转换为热能，使菜肴烹制成熟。

知识链接

调味的常见现象

调味的过程有时很奥妙，也很有趣，下面介绍几种常见的现象。

1.对比现象

有人做过这样的试验，在15%是砂糖的溶液中加入0.017%的食盐，结果发现这种糖、盐混合溶液比纯糖溶液更甜。把两种或者两种以上的呈味物质，以适当的浓度调在一起，使其中一种呈味物质的味道更为突出的现象叫作对比现象。

我们在烹调菜肴时也往往是先确定菜肴的主味，然后再加上其他辅味。如以咸味为主的菜，可以加入少量的糖，虽吃不出甜味，但可使咸味更鲜醇。制作以甜酸味为主的菜，也要加上适当的盐，才能使菜肴更美味。这些都是对比现象的妙用。

2.消杀现象

在烹调中也常常出现这样的现象：有时不慎把菜做得过酸或过咸，如果再放入些糖，就会使酸味或咸味有所缓和。这种把两种或两种以上的呈味物质以适当的浓度混合后，使每种味觉都减弱的现象，叫作味的消杀现象。

有经验的厨师都有这样的体会：在烹制鱼类或者牛羊肉、内脏等带有腥膻气味的原料时，要多加些糖、醋、酒、葱、姜、蒜等调料，以去除其不良气味。而烹制新鲜的鱼虾、鸡鸭、蔬菜等本身具有鲜美滋味的原料时，调味就要淡一些，如果调味过重，也会抵消原料本身的鲜味。这些方法都是利用了味的消杀现象。

3.转换现象

在我们的生活中也常遇到这样的情况，当我们吃过中药后，再喝无味的开水，也会觉得水有些甜味；当我们吃过甜的食品后，再吃酸的东西，会觉得酸得更厉害。这种由于味觉器官先后受到两种不同的味道的刺激后，而产生另一种味觉的现象，叫作味的转换现象。

根据这个原理，一些考究的宴会在上鱼翅、燕窝等主菜之前，先上一次茶让用餐者漱口，以去除口腔中其他菜肴的余味，避免影响品尝主菜的鲜美滋味。一般宴会也都把甜食放在最后一道菜，其中也考虑到避味的转换会削弱主菜滋味，一些品尝家在评定菜肴的质量时，也常常是先漱口，然后再品尝菜肴，也是这个道理。

第四节 菜品命名

学习目标

1. 了解菜品命名的基本原则。
2. 了解菜品命名的一般规律。
3. 认识菜品命名的基本方法。

一、菜品命名的基本原则

菜品命名，就是人们给菜品确定一个名称，以便于大家识别记忆。菜品的名称往往还具有艺术性和文化内涵。所以，在给菜品命名时必须遵循一定的原则，使所定菜品名称既便于记忆，又能反映出菜品的主体特色，同时还能给人以美的享受。

（一）名副其实

菜品的命名要以菜品的主体特色为依据，要结合实际，认真研究菜品的原料构成、刀工成形、烹调技法、成品特点、盛装器皿以及其他因素，确定出便于识别记忆、名副其实的菜名，使之能充分反映菜品的特色和全貌。菜品的命名要防止哗众取宠、故弄玄虚的错误做法。

（二）简明扼要

菜品的名称要做到通俗易懂、简明扼要，力戒文字冗长。中国菜名绝大多数为3~5个字。菜名简明扼要的目的是便于记忆。若字数太多，读起来费劲，也较难记住，很容易混淆。

（三）雅致得体

烹饪是文化，是艺术，从菜的名称上也可以反映出来，如"推沙望月""诗礼银杏""带子上朝""乌龙戏珠"等。在借用诗句给菜品命名时，应避免牵强附会，更不可庸俗无聊，而要力求雅致得体、朴素大方，给人以美好的联想。

二、菜品命名的一般规律

菜品的命名没有统一的规定。人们在长期的实践中对菜品的命名形成了一定的规律，主要表现在以下两个方面。

（一）先创菜品，再命名

先将菜品创出来，再根据菜品的原料、形态及口味等方面的特点来命名，采用此类方法命名，应使菜品名称与内容大体相同，能基本体现菜品的构成内容或者能突出某一方面的特征。

（二）先构思菜名，再创造菜品

这类命名方法的步骤与前一种相反，即先起一个雅致的菜名，然后按照菜名研制菜品。研制时要从选料、切配、烹调、定形等一系列工艺综合考虑，使创制的菜品与名称相符。此类方法主要用于某些特殊的、在特定条件下能突出某一方面特征的菜品（如具有重大意义的事件、活动等，其饮食应突出反映这方面的内容）。

三、菜品命名的方法

（一）写实性命名法

写实性命名法又称一般命名法，就是菜名如实反映菜肴的原料辅料、烹调方法、色香味形及菜肴的原产地或创造人等情况，使人一看菜名就能了解菜肴的特点。

1.烹饪方法结合主料命名

这种命名方法最为普遍，便于记忆和掌握，顾客从菜名中即可知道菜品的主要用料。它重点反映烹饪方法，对一些烹饪方法有特色的菜品更为适宜。命名时一般烹饪方法在前，主料在后，如白切鸡、清蒸鲈鱼、拔丝莲子、清炸鱼等。

2.调味品或调味方法结合主料命名

这种命名方法主要是突出菜品的口味或调味品，适用于调味有特色的菜肴，一般在主料前冠以味型或调味品，如糖醋鱼、红油鸡、咖喱鸡块、鱼香肉丝、麻花、果汁鱼等。

3.根据辅料结合主料命名

这种命名方法主要是以菜品所用特殊辅料和主料为依据来命名，特点是明确地表明菜品的原料构成情况，反映菜品的用料特点，主要用于那些辅料有特色口味的菜品，如金钩菜心、海米牙白、松子豆腐、糯米羊肉、韭黄鸡丝等。

4.根据菜品特殊的形、色结合主料命名

这种命名方法主要是以菜品某一突出的形态和色彩加上主料命名，多用于花色菜，菜名要求形象生动、雅致得体，具有一定艺术性。命名时一般要将形、色放在主料前面，如翡翠虾仁、葫芦鸭子、蝴蝶鱿鱼、双色鱼丸、芙蓉鱼片等。也有个别菜品名称相反，主料在前，如鸡豆花。

5.主料辅料结合烹饪方法命名

这种命名方法以菜品所用主料、辅料和烹调方法相结合进行命名，从名称即可反映菜品的原料构成及烹调全貌，使人们对菜品有比较全面的了解，是一种常见的命名方法。命名时一般辅料在前，烹调方法居中，主料在后，如韭菜炒鸡丝、百果煲老鸭、大葱烧海参、莲子炖鸡等。

6.烹调方法结合原料某方面的特征命名

这种命名方法以菜品的烹调方法和所用原料某方面的特征相结合进行命名。命名时要突出烹调方法及菜品原料的数量、形态、色泽、性质等方面的特征，做到名副其实、耐人寻味，如油爆双脆、扒三白、清蒸麒麟鱼。

7.发源地或创始人结合主料命名

这种命名方法以菜品的发源地或创始人与主料结合进行命名,主要用于一些既有创造性(其发源地或创始人出处明白),又具有较浓的地域或个人色彩的菜品,如大良炒牛奶、麻婆豆腐、宫保鸡丁等。这些菜品大多有其历史沿革或掌故逸闻,并为人们所接受。

8.特殊器皿结合主料命名

这种命名方法以菜品所用的特殊器皿与主料相结合进行命名。这类器皿既可作为盛器,又可作为炊具,具有其特殊性。命名时一般器皿在前,主料在后,也有将器皿放在后面,以便于记忆、读起来顺口为原则,如砂锅鱼翅、汽锅鸡、铁板虾仁等。

(二)寓意性命名法

这种命名方法又称花色艺术菜命名法,是借用文学手段,采取比拟、象征、借代、想象和讽喻的手法为菜肴命名,具有投其所好、寄予深情、引人入胜的特点,不仅悦人耳目,还可吟咏玩味、陶冶情操,此类菜名多用于名贵菜。

1.表达吉祥祝愿的菜名

1)表达祝愿主题

如"全家福"(炒杂拌)、"龙凤呈祥"(鸡球炒明虾球)、"红运当头"(红烧大鱼头)、"祝君进步"(竹笋炒猪天梯)、"鱼跃龙门"(姜葱焗鲤鱼)、"发财多福"(发菜豆腐)(见图1-4-1)。

图1-4-1

2)表达情趣主题

如"雪夜桃花"(茄汁虾球)、"乌龙吐珠"(鸽蛋红扒海参)、"游龙戏凤"(海参炖鸡)、"百鸟归果"(丝状菜物造巢形盛放禽类菜肴)、"万紫千红"(什锦炒火鸭丝)。

3)表达祝寿主题

如"松鹤延年"(象形冷拼)、"福如东海"(冬菇炖水鱼)、"麻姑献寿"(寿桃配芝麻香菇)、"八仙贺寿"(炒八珍)、"神龟千岁"(灵芝炖乌龟)。

4)表达婚庆主题

如"鸳鸯戏水"(冷拼造型或汤菜上浮蛋)、"百年好合"(莲子炖百合)、"鱼水合欢"(鸡丝烩鱼唇)、"桃花好运"(核桃夜香花炒鸡丁)(见图1-4-2)。

孔雀拼	百年好合
皮蛋拌豆腐	天麻蒸肉饼
凉火腿	香菇京白菜
清蒸桂鱼	火腿脚炖白云豆
甲鱼炖鸡	香菇包银丝卷
红烧狮子头	八宝饭
神腿	水果拼
椒盐基围虾	米饭

图1-4-2

5）表达欢迎主题

如"孔雀开屏"（冷拼造型）、"春色满园"（什锦虾仁扒鸡蓉菜心）、"八鹿鸣贺嘉宾"（炝里脊丝与烧鸡热拼）。

6）表达送行主题

如"一帆风顺"（萝卜雕刻船形拼什锦鲜果）、"鹏程万里"（烧乳鸽配鱼肚、鱼翅鹌鹑蛋）、"竹报平安"（鸡球扒竹荪）、"满载而归"（竹或木船形器皿盛装三色虾仁拼吉利鱼）。

2.根据象形会意起的菜名

如"葡萄鱼"（双味鱼丁拼葡萄形）、"狮子头"（清炖蟹粉大肉丸）、"彩蝶迎春"（冷拼造型）、"金鸡报晓"（冷拼造型）、"松子鱼"（鱼处理成松果形状，脆法制成）、"菊花鱼"（鱼肉切成菊花花刀，脆熘法制成）。

3.根据历史典故与传说起的菜名

如"西施浣纱"（上汤酿竹荪，根据历史典故制成）、"佛跳墙"（海味、珍禽酒坛煨制菜，传说"坛启荤香飘四邻，佛闻弃禅跳墙来"）、"黄葵伴雪梅"（宫廷菜，根据民间故事制成）、"鸿门宴会"（蟹黄燕窝，根据楚汉相争历史典故制成）、"鱼龙变化"（双味鱼，根据黄河鲤鱼跳龙门的说法制成）、"舌战群儒"（榆耳川鸭，根据三国故事制成）、"三顾隆中"（鸡球、虾球、肾球扒白菜胆，根据三国故事制成）。

4.影射历史上政治斗争，含讽喻意义的菜名

如"油炸烩"（油条）、"红娘自配"（宫廷菜）。

5.赋予原料美称而定的菜名

对原料赋予美称形容其形状或色泽，使原料显得高贵和具有美感。如烹饪中常称鸡为凤，称虾或蛇为龙；蟹黄常称牡丹、红粉、珊瑚；狗肉称香肉；鹌鹑蛋、鱼丸则称龙珠或明珠；肾球称红梅；鱼肚称棉花。根据以上原料制作的菜肴有"龙虎"（烩蛇肉猫肉）、"花开并蒂"（汤泡肚球、肾球）、"炝虎尾"（炝鳝鱼尾）、"百鸟朝凤"（全鸟拼凤尾虾造型的小鸟）、"凤穿牡丹"（蟹黄扒鸡球）。

6.根据同音、谐音寓意的菜名

如"发财好市"（发菜蚝豉）、"富贵有余"（炒麦穗鱿鱼，"有余"与"鱿鱼"相谐音）、"天长地久"（鳝鱼烩韭黄，鳝鱼又称长鱼，"久"与"韭"相谐音）、"龙凤大会"（烩鸡丝蛇肉，"回"与"烩"同音）、"海面扬波"（海参鸡皮菠菜，海参代表海，"波"与"菠"同音）。

知识链接

中国名菜

1. 北京烤鸭

这是一道北京名菜,用料为优质北京鸭,用果木炭烤制,色味俱全,肉质肥而不腻,被誉为"天下美食"。

2. 四川麻婆豆腐

川菜中的名品,主要食材是豆腐,特点是"麻、辣、烫、香、酥、嫩、鲜、活"。

3. 西湖醋鱼

杭州传统名菜,其烧制手法非常独特,对火候要求很高。鱼肉嫩美,带有蟹味,味道鲜嫩酸甜。

4. 无为熏鸭

无为熏鸭是享誉中外的徽菜传统名菜。安徽无为县厨师采用先熏后卤的独特方法烹制鸭子,成菜色泽金黄油亮,滋味鲜美可口,其制法与口味均独具一格,因而全县闻名,故称无为熏鸭。

5. 东坡肉

一般是用一块约二寸许的方正形猪肉,一半为肥肉,一半为瘦肉,烹饪后入口香糯、肥而不腻,带有酒香,色泽红亮,味醇汁浓,酥烂而形不碎,十分美味。

6. 腊味合蒸

通常取腊猪肉、腊鸡、腊鱼于一钵,加入鸡汤和调料,下锅清蒸而成。吃时腊香浓重、咸甜适口、柔韧不腻。

7. 辣子鸡

川菜的代表名菜,吃起来鸡肉外酥里嫩。

8. 东安仔鸡

这道菜是用小公鸡烧制而成,鸡肉嫩滑,味道酸辣。

9. 清蒸武昌鱼

清蒸武昌鱼是选用鲜活的武昌鱼为主料,配以冬菇、冬笋,并用鸡清汤调味。成菜鱼形完整、色白明亮、晶莹似玉;鱼身缀以红、白、黑色配料,更显出素雅绚丽。其特点是肉质鲜嫩,营养丰富。

第五节　筵席菜肴

☀学习目标☀

1. 了解筵席菜点的组成。
2. 认识筵席菜单的特点。

一、筵席菜点

（一）筵席菜点的组成

中式筵席菜一般包括冷菜、热炒菜、大菜（包括汤）、甜菜（包括甜汤）、点心、水果六大类。它们的上台顺序也是先冷后热，点心可夹在热炒和大菜中间上，大菜之后是汤，最后上水果。甜菜一般归属于热炒菜，而汤也可以同时是大菜。

1. 冷菜

用于筵席上的冷菜，可用什锦盘或四个单盘、四双拼、四三拼，也可采用一个花色冷盘，再配上四个、六个或八个小冷盘（围碟）。

2. 热炒菜

热炒菜一般要求采用滑炒、煸炒、干炒、炸、熘、爆、烧等多种烹饪方法烹制，以满足菜肴的口味和外形多样化的要求。筵席中，一般安排5～8个热炒菜。

3. 大菜

大菜由整只、整块、整条的原料烹制而成，或是原料比较名贵，装在大盘中上席的菜肴（见图1-5-1、图1-5-2）。它一般采用烧、烤、蒸、炸、脆熘、炖、焖、熟炒、叉烧、氽等多种烹饪方法烹制。传统筵席为体现档次，一般安排4～6个大菜，而现在的筵席一般为2～4个。为了突出某个大菜的分量，也可提前在热炒菜前上，称为头菜。

图1-5-1

图1-5-2

4. 甜菜

甜菜一般采用蜜汁、拔丝、煸炒、冷冻、蒸等多种烹饪方法烹制而成，多数是趁热上席。在夏令季节也有供冷食的。

5.点心

在筵席中常用的点心有糕、团、面、粉、包、饺等（见图1-5-3），采用的种类与成品的档次取决于筵席规格的高低。高级筵席须制成各种花色点心。点心一般安排2~4道。

图1-5-3

6.水果

筵席除了上述五种菜点外还有水果，高级筵席常将水果拼成水果拼盘。

（二）筵席菜点的结构

在配制筵席时应注意冷盘、热炒、大菜、点心、甜菜的成本在整个筵席成本中所占的比重，以保持整桌筵席中各类菜肴质量的均衡（见图1-5-4）。大菜是整桌筵席的灵魂，最能体现筵席的档次，应该占一半以上成本；热炒是筵席的脸面，应丰富多彩，所占成本次之；冷菜是开胃品，数量不多，再次之。因此筵席较为合理的成本价格分配如下。

一般筵席：冷盘约占10%，热炒约占40%，大菜与点心约占50%。

中等筵席：冷盘约占15%，热炒约占30%，大菜与点心约占55%。

高级筵席：冷盘约占10%，热炒约占30%，大菜与点心约占60%。

图1-5-4

二、筵席菜单

（一）紧扣主题

筵席通常都有主题，如婚礼、生日、洗尘、送别等。设计的菜单应尽量体现主题。

1.菜单设计

菜单不仅仅是筵席的节目单，还能体现文化品位。高规格的筵席，菜单应请专业人员专门设计。从材质到款式、色彩、造型等都要讲究，甚至可以设计成工艺品、纪念品。常见的菜单有长方形、扇形、圆形、卷轴等，除使用各种纸质材料外，还有使用丝绢、塑料、瓷盘、照片等的菜单。

2. 菜单内容

菜名可多用颂词，将菜肴色、香、味、形特色尽可能在菜名里反映出来。比如婚宴，可以安排鸳鸯戏水花色冷盘；欢迎宴，可用熊猫造型，甚至可将主宾的名字、单位等在菜点里反映出来。

（二）注重客人饮食习惯及口味特点

筵席上，客人来自四面八方。制订菜单应先征求主人意见，了解宾客的国籍、民族、宗教、职业、年龄、性别、体质、嗜好、忌讳等，并依此灵活掌握，确定品种，重点保证主宾，同时兼顾其他宾客。如日本人不喜欢荷花，但对豆腐及蔬菜则非常喜欢，因此在制作花色菜肴时就应避免使用荷花，在配菜时应多考虑豆腐和蔬菜类菜肴。再有，参加筵席的宾客有各式各样的心理需求，有的注重经济实惠，有的注重环境因素和餐厅档次，有的注重餐馆独特的美味佳肴，有的想体验一下筵席文化氛围。宾客对筵席的心理需求也是筵席组配时应考虑的一个方面。

（三）体现饭店菜品特色

筵席是推销、介绍饭店的最好机会，因为客人来自四面八方。在筵席中安排饭店的特色名菜，既能体现饭店厨师的高超手艺，也能反映出饭店特色。

（四）注重菜肴的季节性

筵席菜肴要根据季节的变化更换菜肴的内容，特别应注意安排各种时令菜甚至是新开发的原料为筵席增色。烹饪方法也要与季节相适应。如寒冷的冬季，筵席中多安排些富含脂肪、蛋白质的菜肴，着重用红烧、红焖、火锅、菊花锅等色深而口味浓厚的烹饪方法；夏天则宜用清蒸、烩、冻和白汁等口味清淡的烹饪方法。

（五）保证菜肴的质量

保证菜肴的质量要从主料、辅料的搭配上进行掌握。筵席规格高的，多用高档原料，突出主料，不用或少用辅料（见图1-5-5）。筵席规格较低的，在菜肴中要配上一定数量的辅料，以降低成本。应本着粗菜细做、细菜精做的原则，高档的筵席原料质优，低档的筵席原料质粗。这里讲的质粗，并非质量差，是指菜肴制作工序比较简单，原料价格比较低。由于筵席价格受到原料价格、工艺水平和毛利率等因素的影响，所以应对以上因素进行全面考虑，做到钱多能改善、钱少能吃饭，并且能使客人吃得好、吃得饱。

图1-5-5

（六）控制菜肴数量

筵席菜肴的数量是指组配菜肴的总数和每盘菜肴的分量。筵席菜肴的数量与筵席的档次和宾客的性质有直接的关系，一桌筵席应以每人平均能吃到500克左右净料为原则。菜肴的数量应根据筵席规格的高低，安排12~20个。菜肴数量少的筵席，每种菜肴的分量要足些；而菜肴数量多的筵席，每种菜肴的分量可以相对少些。

（七）注意菜肴色、香、味、形、器的配合

为了使整桌筵席显得丰富多彩，不仅要注意菜肴的口味多样化，还要注意菜肴的图案美和色彩美。在冷盘中可配置孔雀等各种花色冷盘；热炒和大菜可制成松鼠、芙蓉等象征性的花色菜，并将配料加工成柳叶形、蝴蝶形、兔形等形状（见图1-5-6）。另外，在热炒和大菜的盘边进行围边也是提高美观度的一种方法。规格要求高的筵席往往需要摆设各种食品雕刻，如花、鸟、禽、兽、楼、台、亭、阁等，以增强整桌筵席的艺术性。

图1-5-6

（八）营养搭配合理

筵席菜肴的组配要注意菜肴的营养搭配，应当尽量做到满足人体的生理需要。而这种营养成分的科学搭配，就是通过合理配菜来保证的。为此，在组配菜肴时，必须了解各种烹饪营养知识，掌握合理营养的原则，提倡"两高三低"，即高蛋白、高维生素、低热量、低脂肪、低盐。因此，筵席配菜时最基本的要求就是菜肴的原料应多样化，并且应该按照每种原料所含营养素的种类和数量进行合理选择和科学搭配。只有运用多种原料配菜，才有可能配出营养成分比较全面平衡的筵席。

课后练习

1. 烹饪的作用有哪些？
2. 烹饪有哪些要素？
3. 烹饪原料分为几大类？举例说明。
4. 菜品有几种命名方法？举例说明。
5. 冷菜有几种烹饪方法？举例说明。
6. 筵席菜肴设计有哪些要求？

第二章

中国菜

第一节　中国菜概述

※ 学习目标 ※

1. 了解中国菜发展的历史；
2. 熟悉菜肴流派并能熟练列举出来。
3. 掌握中国菜的特点。

一、中国菜简史

（一）萌芽时期（新石器时期）

（1）这一时期人类学会了利用火以及人工取火，告别了茹毛饮血的生食状态。

（2）烹饪器具的产生。在漫长的烧食过程中，人类发现用泥揉成一定形状放置在火上烧烤后，泥土会变得坚硬，且不漏水，可以长期使用。慢慢地人类开始制造陶器，陶器的出现在中国饮食文化史上有着划时代的意义。最早的陶制烹饪器皿是釜、鼎、鬲、甑等。

（3）炉灶的形成及调味品的出现。

（二）形成时期（夏商周时期）

（1）烹饪原料使用范围扩大，烹饪工具不断更新发展。

（2）菜肴品种空前丰富。从《周礼》《礼记》等文献可知，当时的食品有饵、餐、糗、粉等主食类，炙、羹、菹、脯、脍、胙、菹、醢等菜肴类。《周礼·天官》记载了我国最早的"名菜"——"八珍"：淳熬（煎肉酱盖浇米饭）、淳母（煎肉酱盖浇黍米饭）、炮豚（烤乳猪）、炮牂（烤羊羔）、捣珍（捶打后煮熟再揉软的肉）、渍（酒浸生牛肉片）、熬（生腌肉干）、肝膋（网油烤狗肝）。除"八珍"外，还有"三羹""五齑"（切碎的菜）、"七菹"（腌菜）等食品。

（3）筵宴的初步发展和饮食市场的形成。筵宴是由原始的聚会和祭祖祭神等需要而产生的。在殷商时代，因为殷人特别相信神鬼，祭祀神鬼的筵宴非常多。到了周代，生产力进一步发展，食物原料进一步丰富，宴会发展到朝会、游猎、出兵、班师等国家政事及生活的各个方面。

（4）烹饪理论初露端倪。《吕氏春秋·本味篇》是中国烹饪理论的开山鼻祖。

（三）发展时期（秦汉至南北朝时期）

（1）烹饪原料越来越丰富，燃料和器具更新迭代加快，在这一时期，漆器餐具由兴盛走向衰落，陶制餐具逐渐被淘汰。民间的陶制、木制餐具还在大量使用。

（2）烹饪技艺显著提升，刀工技艺发展到了十分高超的水平，菜品也出现了新的发展。

（3）宴席日益盛行，无论宫廷还是民间都有了大摆宴席的习俗。饮食著作越来越多。

（四）成熟时期（唐宋明清时期）

（1）菜肴品种空前丰富，各种名菜名宴流传至今。饮食市场有了各大酒楼、餐馆，也有面店、茶肆、小吃等。

（2）各种菜品被记录进各种菜品著作，流传至今。

二、中国菜流派

中国地大物博、民族众多、历史悠久，饮食习惯风俗等丰富多彩，因此形成了各种菜系、流派。从不同的角度可将中国菜划分为不同的流派。一般情况下，人们多根据地域、民族、生产消费群体等进行划分。

（一）按地域划分

这一划分方法沿用已久，早在汉至唐宋时期就有"北食""南食""川食"之称。"北食"就是指盛行于中原地区的风味；"南食"指江浙闽皖湘鄂地区风味；"川食"指巴蜀风味。明清以后又出现了"帮口"一词，即指以口味特点不同，所形成的烹饪生产行帮，如川帮、扬帮、徽帮等。从20世纪50年代起，出现"菜系"一词，代替了原来的"帮口"。改革开放后，"风味流派"一词被大量使用，克服了"菜系"在涵盖超出菜肴范围时以偏概全（风味不仅仅是菜肴，还有面点、小吃等）的缺点。从菜系来讲，中国有四大菜系（鲁、川、粤、淮扬）、八大菜系（鲁、川、粤、苏、浙、闽、湘、徽）之说，也有十大菜系、十二大菜系之说。推而广之，也可称四大风味流派、八大风味流派，等等。

（二）按民族划分

中国有56个民族，每个民族的都有自己的饮食风味。有回族、维吾尔族、哈萨克族、东乡族等民族的清真风味；有从事畜牧业为主的蒙古族、藏族的风味流派；有从事农业为主的朝鲜族、满族、傣族、白族、壮族的风味流派，等等。

（三）按生产消费主体划分

按生产消费主体划分，有宫廷、官府、寺院、市肆、民间等风味流派。通常以御厨制作的，供帝王和其后宫嫔妃食用的为宫廷风味流派；达官贵人及其亲眷享用的为官府风味流派；寺院僧侣自己烹制食用的斋肴为寺院风味流派；在酒店、客栈及食摊制作出售的属市肆风味流派，此类风味适应各阶层人士的需要，品种繁多、技法多样；还有城镇、乡村、家庭日常烹制的民间风味流派。各种风味流派之间有着原料生产、烹饪技法、风味特点的差异，但也相互渗透，互相融合。

三、中国菜特点

与其他国家菜肴相比，中国菜在烹饪文化和烹饪技法上，具有多彩多姿、精细雅致、和谐适中的特征。

（一）原料丰富，选料严谨

中国幅员辽阔，东西、南北跨度都比较大，还有很长的海岸线，物产丰富。加之中国菜多为熟食，多种原材料均可使用。有一句俗语称："山中走兽云中燕，陆地牛羊海底鲜。"可见中国菜的食材范围广泛。中国菜不仅动物性原料范围广泛，植物性原料的选择范围同样广泛，早在西周时期，有文字记载的可食用植物物种已有130多种。在中国菜中，名菜常选择名贵的食材，如燕窝、鱼翅、熊掌、鹿尾、虎骨、猴脑等。其中部分食材如今已是保护动物，所以某些名菜因取材困难而无法烹制。目前，很多烹饪家使用替代品进行尝试。

（二）刀工精细

中国菜的原料大多加工成小块宜食的尺寸，不像西餐在食用时需要进行二次切割。中国菜对刀工非常讲究，有切（直刀法）、片（横刀法）、剁、剞（雕刻图案）等多种，技法有刻刀法、滚刀法、锯刀法、反刀法、推刀法、切刀法，刀工处理的工具主要是菜刀和砧板，可将原料切成片、丝、条、块、丁、粒、米茸等形状，并要求其大小、厚薄、粗细均匀。有些原料经厨师的加工处理后可拼成栩栩如生的美丽图案。

(三)注重火候

中国菜烹调方法非常多,有凉拌、炒、爆、溜、煸、蒸、熬、煮、炖、煨、烩、氽、涮、烧、焯、卤、酱、煎、炸、焖、烤、焗、熏等几十种,每一种又可分为许多小类。中国菜在制作过程中还十分讲究火候,以最简单的蒸排骨为例,蒸的时间长了,肉就老了,时间短了,则还没熟透。火候是中餐烹饪技术的核心,火力可分为旺火、中火、小火、微火。最终要达到"嫩而不生,透而不老,烂而不化"。

(四)讲究调味

味道分基本味和复合味两种。基本味即酸、甜、苦、辣、咸等,比较单一;复合味有酸辣、咸鲜、鱼香等,各种调味技艺有上百种之多。其中以四川菜最为典型,它以"一菜一格,百菜百味"的特点为世人所称道。中国菜除了讲究口味变化外,在烹调的过程中还能巧妙地运用不同的调味方法。同等量的调味品在菜肴加热的不同程度时加入就会形成不同的口味。

(五)重视色香味俱全

中国菜很早就讲究色、香、味俱佳,《后汉书·边让传》里写道:"函牛之鼎以烹鸡,多汁则淡而不可食,少汁则熬而不可熟。"中国菜的取名多彩多姿,以写意手法命名的有"龙虎会""凤爪龙衣""狮子头""佛跳墙",以人物命名的如"东坡肉""宋嫂鱼羹""宫保鸡丁"。

(六)讲究饮食礼仪

中餐的饮宴礼仪据说始于周公,经过千百年的演进,形成今天大家普遍接受的一套饮食进餐礼仪。

中餐饮食礼仪因宴席的性质、目的的不同而不同;不同的地区,饮食礼仪也是千差万别。中餐的餐具主要有杯、盘、碗、碟、筷、匙六种。在正式的宴会上,水杯放在菜盘左上方,酒杯放在右上方。筷子与汤匙可放在专用的座子上,或放在纸套中。公用的筷子和汤匙最好放在专用的支架上。中餐上菜的顺序一般是:先上冷菜,后上热菜,最后上甜点和水果。用餐前,服务员为每人送上的第一道湿毛巾是擦手用的,最好不要用它去擦脸。在上虾、蟹、鸡等菜肴前,服务员会送上一只小小水盂,其中漂着柠檬片或玫瑰花瓣,它不是饮料,而是洗手用的。洗手时,可两手轮流蘸湿指头,轻轻刷洗,然后用小毛巾擦干。

四、中国菜品的构成

(一)祭祀菜

祭祀菜即祭奠祖先等设置的菜品,是中国最古老的菜品,萌芽于原始社会末期,经过尧、舜、禹、汤时期的演变,至周代形成规范。自秦汉时期开始,它作为古代食礼保存下来,唐、宋、元、明时期进行改制,清代时最为规范。辛亥革命后逐渐衰亡,现今只在部分民族地区和清明、中元、除夕祭祖时,能见到一些踪影。

祭祀菜的特点是:

(1)按典章制度准备,工艺古板,不许变更品种和增减数量。

(2)风格朴素,注重复古,菜名也遵古制。

(3)有相应的祭奠仪式,多由祭司、帝王、族长或家长主持,气氛庄严。

(4)祭祀菜用过后,或抛洒、深埋,或由与祭者分享。

(二)宫廷菜

宫廷菜一般指古代宫廷中帝后嫔妃和皇子、公主的专用菜品。它起源于夏初,延续到清末,经历5000余年,各代风格不尽相同。周代讲求"五味调和,烹饪得宜,珍馐宴享,饮膳有序";汉代重视"尊古合仪"，吸收西域菜和少数民族菜；元代提倡"食饮必稽于本草"（饮膳配置以中医养生观作依据），突出羊馔；清代健全光禄寺（掌管皇家饮膳的机构），席、菜均有"定式"。

宫廷菜的主要特点是：

（1）选料广博而精细，重视食养与食治。这是宫廷优裕物质条件和特权所决定的，取精用宏，同时还有众多御医充当"营养医生"。

（2）管理严格，精烹细作，所出皆为精品。御厨各有"绝活"，建立"尝膳"（预先品尝）制度，人人谨慎小心。

（3）上承下传，四方借鉴。每朝宫廷菜既有皇室倡导的主体风格，又是全国名菜美点的汇展橱窗。

（4）名宴多，礼仪隆，流光溢彩，气势磅礴。如汉代"大风宴"（刘邦称帝后衣锦还乡的盛宴，因120名小童在席间高唱《大风歌》而得名）、清代"千叟宴"等，都在中国烹饪史上留下耀眼的一页。

（三）官府菜

官府菜又名公馆菜，是古代权贵缙绅人家所制的肴馔，掌厨者俗称"官厨"。它始于周秦时的诸侯府第，汉魏隋唐时期已初具规模。西晋荆州刺史石崇以操办"金谷园宴"驰名，晚唐宰相段文昌的厨房更有"炼珍堂"之美称。及至宋元明清时期，除了绵延千载的孔府菜外，各朝均有代表，如宋代东坡（苏轼）菜、元代左司都事元好问家菜、明代权臣严嵩家菜、清代曹家（江宁织造曹寅）菜等。民国时期，官府菜佼佼者是组庵（谭延闿）菜和帅府（张作霖）菜。与宫廷菜相比，官府菜有着不同的特色。

（1）多以乡土风味为旗帜，重视祖传名菜的调制。官员来自各地，厨役多系家乡调鼎高手，肴馔重视"祖风"传承。

（2）注重摄生，讲求精洁，一般不追求形式华美，而是以养生为目的、以风味取胜。据传康熙年间京城达官贵人举办"一品会"，便是各家轮流请客，菜肴仅有一道，各家相继推出"八宝酿豆腐""笋筒灌珍错"，皆因制作精细，一时称绝。

（3）开放进取，生命力强盛。例如清末著名的"谭家菜"，是北京风味与广东风味的完美结合，获得"戏界无腔不学谭鑫培（晚清著名京剧大师），食界无口不夸谭家菜"的好评。

现今保存的官府菜较多，如孔府菜、谭家菜、随园菜、东坡菜、帅府菜、宫保菜等（见图2-1-1）。

图2-1-1

（四）商贾菜

商贾菜诞生在古代豪商巨贾之家，特别是古代茶商、盐商、铁商和近代金融家、实业家。它出现较迟，流行在唐代以后。至于民国年间的徽帮会馆菜、山西钱庄菜、广州茶楼菜和上海洋行菜，也均是商界积极介入的产物。我国古代长期奉行"重农抑商"政策，许多商人为了取得某些商品专卖权，获得暴利，常用各种手段勾结官府，其中自然包括酒食。还由于商人政治上地位较低，为了寻求心理平衡，故喜爱在饮宴上"摆阔"，吸引社会的注意。

商贾菜特色主要有二：

（1）崇尚形式，用料名贵，调制奇巧，筵宴奢靡，故而实用性不强。对此，清代美食家袁枚多有论及。如"耳餐者，务名之谓也，贪贵物之名，夸敬客之意，是以耳餐非口餐也。""目食者，贪多之谓也。今人慕食前方丈（比喻餐桌食物堆放得很多很多）之名，多盘叠碗，是以目食非口食也。""余尝过一商家，上菜三撤席（更换3次台面），点心十六道，共算食品，将至四十余种。主人自觉欣欣得意，而我散席还家，仍煮粥充饥。"

（2）部分养生菜品，在懂饮食的主人督导下，做得小巧玲珑，颇有品尝价值。

商贾菜代表品种也不少，如云林鹅、"香螺先生"（鸡汤氽香螺片）、柳蒸糟鲥鱼、台鲞煨肉、"红运当头"（烤乳猪，见图2-1-2）、"大鹏展翅"（广东菜、多用家禽制作）等。

图2-1-2

（五）寺观菜

寺观菜又称素菜、释（释迦牟尼的简称，泛指佛教）菜、斋菜、道观菜或香积厨，出现在东汉时期，主要指佛教徒和道人食用的菜点。它包括清素（全部禁绝荤料）的寺院素食和宫廷素食，以及花素（适当辅以荤料）的民间素食和市肆素食。中国素菜虽然不是直接发源于宗教，但在演变过程中确实受到宗教的巨大影响，素菜特色鲜明，主要表现在以下几方面。

（1）选料严谨。以三菇（香菇、花菇、草菇）、六耳（石耳、黄耳、桂花耳、白背耳、银耳、榆耳）唱主角，配料是时令瓜蔬、茶果与豆制品，忌用动物性油脂与蛋、奶，回避"五荤"（韭、薤、蒜、葱、胡荽或兴渠），突出乡土特色。

（2）刀工精细。为了"以素托荤"，它讲究"名同、料别、形似、味近"，还有"鸡吃丝、鸭吃块、肉吃片、鱼吃段"之说，重视标新立异的构思和包、扎、卷、叠等造型技巧，以及模具的使用。

（3）烹制考究。寺观菜广集各地方菜系之长，既有煎、炒、爆、熘等众多技法，又有咸、甜、酸、辣的不同口味，在高档工艺素席上，洋洋洒洒数十个盘碗，形神飞腾。

（4）健身疗疾。素菜符合当今营养潮流，植物蛋白、维生素、矿物质和粗纤维都较丰富。特别是大量利用花卉、药材和食用菌，可以抗病疗疾，有美容、减肥与益智之效，故而深受老人、妇女和脑力劳动者欢迎。

素菜名品有"罗汉斋"（用三菇、六耳等烩制，见图2-1-3）、"混元大菜"（武当山道菜，即大烩素什锦）、"鼎湖上素"（广东名菜，即素全家福）、"桑门香"（黄梅五祖寺菜，即炸桑叶）、"半月沉江"（南普陀寺素菜，用面筋、香菇、冬笋等烹制）、"雪积银钟"（象形素菜）等。

图2-1-3

（六）民族菜

民族菜是指我国少数民族创造的风味食品，独具特色。其中，影响较大的有清真菜、朝鲜族菜、满族菜、蒙古族菜、藏族菜、壮族菜、土家族菜等。民族菜五彩纷呈，各有千秋。

（七）民间菜

民间菜，即城乡居民日常食用的菜肴。这是中国菜的基础，产生于社会底层，数量很大，档次偏低。民间菜又分两种：一是三餐必备的家常菜，荤素搭配，经济实惠；二是逢年过节的宴享菜，以荤为主，讲究口彩，丰盛大方。

民间菜有四个特色：

（1）靠山吃山，靠水吃水，擅长运用本地食源。既不寻觅珍错（指山珍海味），又不芳饪标奇（追美逐奇）。

（2）重视原料综合利用和家庭膳食营养调配，体现地方特色和季节规律，如南甜、北咸、东淡、西浓，以及春酸、夏苦、秋辛、冬咸等。

（3）不同人家有不同的祖传菜品，展示家风，表现家世，有较强的亲和力和凝聚力。

（4）民间菜是中国菜的源头活水，为祭祀菜、宫廷菜、官府菜、商贾菜、寺观菜、养生菜、民族菜和市肆菜提供借鉴。许多有特色的民间菜稍经加工，立刻"身价百倍"，成为"市场之珍"。

民间菜种类亦多，影响较大的有四川的回锅肉、广东的炒田螺、安徽的腐乳爆肉、辽宁的小鸡炖蘑菇、天津的酥鲫鱼等。

图2-1-4

（八）外来菜

外来菜，顾名思义是由外国引进的菜品，如今中西文化交流密切，外来菜也很受国人的喜爱。外来菜进入中国后，大致有三种情况：①保持原有风貌，正宗风味不变；②移植改造，最常见的方法是"中料西做"和"西料中做"；③模仿西菜西点，创制新品种，这类菜大多采用西式烹饪法，追求新奇和刺激，销路看好。

外来菜特色鲜明：

（1）依照国人食性加以改造，能在饮食市场站住脚跟。

（2）原料和调味品大多保持原有风味。国内能保证供应的，积极引进；国内很难保证供应的，则持审慎态度。

（3）引进的多是国外代表性菜品，知名度高。如韩国烧烤、意大利比萨等。

外来菜是中外饮食文化交流的产物，也是中国菜的"新鲜血液"。它的引进，为中国菜提供借鉴样板，有利于中国菜的吐故纳新。外来菜品种较多，主要有烤火鸡、鱼子酱、汉堡包、咖喱鸡、寿司饭团（见图2-1-5）等。

图2-1-5

（九）市肆菜

市肆菜又称餐馆菜或商品菜，是饮食市场制作并出售的菜点的总称。如今人民生活水平不断提高以及工作压力日益增大，越来越多的人选择"下馆子"或者点外卖。这也是时代发展的必然产物。市肆菜是中国菜的主体，它引导餐饮新潮流，具有五大特色：

（1）广集祭祀菜、宫廷菜、官府菜、商贾菜、寺观菜、养生菜、民族菜、民间菜和外来菜之精华，腾挪变化，具有旺盛活力。

（2）技法多样，划档分类，可满足不同地域、不同阶层、不同情况的饮食需求。

（3）流派众多，风味鲜明，以名师、名店、名料、名菜、名点、名席和礼仪服务作为竞争手段，推动中国菜迅猛发展。

（4）受商品经济制约，重视经营管理，在零售商业中占重要地位。

（5）培养了一大批名厨，为食坛留下了一大批菜谱，丰富中国的饮食文化。

市肆菜多达数万种，各地名品甚多。如北京的三元牛头，上海的八宝鸭，天津的狗不理包子，重庆的毛肚火锅，黑龙江的锅包肉，吉林的熏肉大饼，辽宁的白肉火锅，内蒙古的扒驼蹄，河北的金毛狮子鱼，河南的鲤鱼焙面，山东的葱烧海参，山西的刀削面，陕西的牛羊肉泡馍，甘肃的马保子牛肉拉面，青海的虫草雪鸡，宁夏的丁香肘子，新疆的烤全羊，江苏的蟹粉狮子头（见图2-1-6），浙江的宁波汤圆，福建的佛跳墙，台湾的火把鱼翅，安徽的毛峰（名茶）熏鲥鱼，江西的石鱼炒蛋，湖北的清蒸武昌鱼，湖南的火宫殿臭干子，广东的沙河粉，广西的马肉米粉，海南的琼岛椰子盅，港澳的一品燕菜，四川的麻婆豆腐，贵州的酸汤鱼，云南的红烧鸡枞（名贵食用菌），西藏的鲁朗石锅鸡等。

图2-1-6

第二节 四大菜系

❋学习目标❋

1.分别掌握四大菜系的分支组成；

2.了解四大菜系的特点；

3.熟练掌握四大菜系的代表菜。

一、山东菜

山东菜又称鲁菜、齐鲁风味，是华北地区饮食的典型代表。山东菜取材广泛，禽畜与海味并重，讲究用汤，擅长扒、溜、爆、烤、炒等技法，口味以咸鲜为主，具有清、香、脆、嫩、鲜等风味特点。

山东风味由内陆的济南风味和沿海的胶东风味构成。济南风味制作精细，讲究用汤。胶东风味又称福山风味，是胶东沿海青岛、烟台等地方风味的代表，以烹制海鲜而著称，讲究清鲜，保持原味。

山东菜的风味特点是：咸鲜、纯正，善用面酱，葱香浓郁，原料以海鲜、冷水鱼、禽畜为主，重视火候，有"火功在山东"之说。

山东菜的代表品种有：葱烧海参、清汤燕菜、烩乌鱼蛋、蟹黄鱼翅、九转大肠、锅塌豆腐、奶汤蒲菜、德州扒鸡、清蒸加吉鱼等。山东小吃以品种多样、方法多变、技术高超、经济实惠而闻名。其著名小吃有福山冲面、周村酥烧饼、潍县杠子头、济南扁食、博山石蛤蟆饺子、蓬莱小鱼、盘丝饼、糖酥煎饼等。

图2-2-1

二、江苏菜

江苏菜又称苏菜、京苏大菜或下江（指长江下游）风味，是华东地区肴馔的典型代表，我国著名的"四大菜系"和"八大菜系"之一。

江苏风味由金陵风味（南京）、淮扬风味（含扬州、镇江、淮安）、苏锡风味（含苏州、无锡）、徐海风味（含徐州、连云港）组成。

江苏菜的风味特色是：清鲜平和，咸甜适中，口味淡雅；组配严谨，刀法尤为精妙，有"江苏厨艺美在刀"的定评；色调秀美，菜形清丽，食雕技术一枝独秀；擅长炖、焖、煨、焐、烤，鱼鸭菜式相当漂亮；筵宴水平高，节令性强；园林文化和文士菜的气质浓郁。

江苏菜的代表品种有：松鼠鳜鱼（见图2-2-2）、大煮干丝、常熟叫花鸡、清炖蟹粉狮子头、雪花蟹斗、大烧马鞍桥、清蒸鲥鱼、水晶肴蹄、金陵盐水鸭、梁溪（无锡古称）脆鳝等。

图2-2-2

三、川渝菜

川渝菜又称川菜、巴蜀风味或天府风味，是西南地区肴馔的典型代表，我国著名的"四大菜系"和"八大菜系"之一。

川渝菜由成都菜（上河帮）、重庆菜（下河帮）、自贡菜（小河帮）组成。

川渝菜的风味特色是："尚滋味，好辛香"，清鲜醇浓并重，以善用麻辣著称；选料广博，普通原料和粗料精做，以小煎、小炒、干烧、干煸见长，独创出鱼香、家常、煳辣、椒麻、红油、甜咸、陈皮、怪味等20余种味型，有"食在中国、味在川渝"的美誉；小吃花式繁多，口碑良好、物美价廉，雅俗共赏，居家饮膳色彩和平民生活气息浓烈。

川渝菜的代表品种有：毛肚火锅、开水白菜、宫保鸡丁、灯影牛肉、樟茶鸭子、河水豆花、干烧岩鲤、麻婆豆腐（见图2-2-3）、回锅肉、水煮牛肉等。

图2-2-3

四、广东菜

广东菜又称粤菜、岭南风味，是华南地区肴馔的典型代表，我国著名的"四大菜系"和"八大菜系"之一。

广东菜由广州菜（含韶关、肇庆、湛江）、潮州菜（含汕头、海丰）、东江菜（主要是客家菜）组成。

广东菜的风味特色是：生猛、鲜淡、清美，具有热带风情和滨海饮膳特色；用料奇特而又广博，其"料功"为中国厨艺之冠；技法广集中西之长，勇于革新，饮食潮流多变；点心精巧，大菜华贵，设施和服务一流，有"食在广州"的褒词；肴馔的商品气息浓烈，商贸饮食文化是其灵魂。

广东菜的代表品种有：三蛇龙虎凤会、脆皮鸡、脆皮乳猪、白切鸡（见图2-2-4）、红烧大裙翅、蚝油网鲍片、东江盐焗鸡、烧鹅、白云猪手（猪蹄）等。

图2-2-4

知识链接

烤乳猪

烤乳猪是由重约十斤的乳猪加入多种配料烤制而成。这道菜色泽红亮，皮酥肉嫩；拼成猪形上席，外形美观。烤乳猪由西周八珍"炮豚"发展演变而来。据《礼记注疏》记载，"炮豚"的做法是：取一只乳猪，宰杀后翻开腹部，摘除内脏，再在肚子里塞满枣子，外用芦草裹起来，涂上湿黏土，放在火上烧烤，等到黏土全部烤干，将外壳剥开，并擦去肉皮上的灰膜，再用米粉调成稀糊状，敷在乳猪的外面，放在油里炸。然后另准备一只大汤锅，把炸过的乳猪切成片，配好香料，放在一个小鼎中，把小鼎放在大汤锅内，用文火连续炖三天三夜后取出，用酱醋调味食用。

南北朝时的烤乳猪名为"炙豚"，不再包裹，而是直接在火上烤，边烤边涂刷清酒，以利发色。贾思勰说它"色同琥珀，又类真金，入口则消，状若凌雪，含浆膏润，特异凡常也"。清朝时这道菜名叫"烧小猪"，烤至四面深黄时，涂以奶酥油，屡炙屡涂，口感较"炙豚"更加酥嫩。烤乳猪这道菜很多地方都有，广东的尤为著名。

第三节　中国其他菜系

✻ 学习目标 ✻

1. 了解中国其他菜系的种类；
2. 熟悉中国其他菜系的特点；
3. 熟悉中国其他菜系的代表菜。

一、浙江菜

浙江菜又称浙菜、钱塘风味，是宋代"南食"的主体，我国"八大菜系"之一。

浙江菜由杭州菜（西湖菜为主）、宁波菜（甬菜）、绍兴菜（绍菜）、温州菜（瓯菜）组成。

浙江菜的风味特色是：醇正、鲜嫩、细腻、典雅，注重原味，鲜咸合一，沿海一带口味略重；擅长爆、炒、烩、炸、蒸、烤、炖等技法；讲究时鲜，取料广泛，多用地方特产，烹调精巧，善治河鲜海鲜，以清鲜味真见胜。

浙江菜的代表品种有：东坡肉、西湖醋鱼、鸡汁鳕鱼、龙井虾仁（见图2-3-1）、蜜汁火方、干菜焖肉、冰糖甲鱼、干炸响铃、油焖春笋等。

图2-3-1

二、福建菜

福建菜又称闽菜，我国"八大菜系"之一。

福建菜由福州菜（含闽侯、闽东、闽中、闽北）、闽南菜（含厦门、泉州、漳州）、闽西菜（主要是客家菜）组成。

福建菜的风味特色是：清鲜、醇和、荤香、不腻，重淡爽，尚甜酸，善于调制山珍海味；多用炒、熘、蒸、炸、煨等技法，精于炒、蒸、煨三法，习用红糟、虾油、沙茶酱（虾肉、蒜头、葱头、辣椒、茴香、肉桂、花生酱、白糖等调制）、橘汁佐味提鲜，有"糟香满桌"的美感；汤路宽广，收放自如，素有"一汤十变""百汤百味"之说。

福建菜的代表品种有：佛跳墙（见图2-3-2）、太极芋泥、淡糟香螺片、鸡丝燕窝、沙茶鸭等。

图2-3-2

三、安徽菜

安徽菜又称徽菜、徽皖风味,我国"八大菜系"之一。

安徽菜由皖南菜(含歙县、屯溪、绩溪)、沿江菜(含安庆、铜陵、芜湖、合肥)、淮北菜(含蚌埠、宿县、淮北)组成。

安徽菜的风味特色是:擅长制作山珍野味,精于烧炖、烟熏和糖调,讲究"慢工出细活",历来有"吃徽菜,要能等"的说法;重油、重色、重火功,咸鲜微甜,原汁原味,常用茶叶制菜,喜以火腿佐味,味以咸鲜香为主,以芫荽和辣椒配色;菜式质朴,筵宴简洁,重茶重酒重情义;深受徽州古文化和徽商气质影响,古朴、凝重、厚实。

安徽菜的代表品种有:屯溪臭鳜鱼(见图2-3-3)、黄山炖鸽、八公山豆腐、红烧划水、软炸石鸡(石蛙)、无为熏鸡、毛峰熏鲥鱼、符离集烧鸡、李鸿章杂烩、问政山笋等。

图2-3-3

四、湖南菜

湖南菜又称湘菜、潇湘(潇水和湘水,泛指湖南)风味,以湘江流域、洞庭湖区和湘西山区三种地方风味为主,我国"八大菜系"之一。

湖南菜由湘江流域菜(含长沙、湘潭、衡阳)、洞庭湖区菜(含岳阳、益阳、常德)、湘西山区菜(含吉首、怀化、大庸)组成。

湖南菜的风味特色是:以水产和熏腊原料为主体,精工烧、炖、腊、蒸,以小炒、滑溜、清蒸、红蒸(加辣椒蒸)见长;味浓色重,咸香酸辣,油润醇和,姜豉突出,肴馔丰盛大方,花色品种众多;民间菜式质朴无华,山林与水乡气质并重,有"蒸钵炉子咕咕嘎,不愿入朝当驸马"之说;受楚文化熏染较深,历史积淀厚重。在当今菜品流行潮中,湘菜也较活跃,尤其是其推出的苗族酸辣菜式,一度相当火爆。

湖南菜的代表品种有:腊味合蒸、麻辣仔鸡(见图2-3-4)、翠竹粉蒸鲍鱼、鸭掌汤泡肚、牛中三杰、砂锅炖狗肉、重阳寒菌、洞庭野鸭等。

图2-3-4

第四节 中国的特色风味流派菜系

学习目标

1. 了解宗教风味流派的种类；
2. 了解民族风味流派的种类；
3. 熟悉各风味流派的代表菜。

一、宗教风味流派

（一）中国佛道素菜

中国佛道素菜又称素菜、斋菜、释菜或道菜，著名宗教菜系之一，由佛教菜和道教菜构成，包括"清素"的寺观素菜和宫廷素菜，以及"花素"的民间素菜和市肆素菜四个分支。

（二）中国清真菜

中国清真菜由西路（含银川、乌鲁木齐、兰州、西安）、北路（含北京、天津、济南、沈阳）和南路（含南京、重庆、广州、昆明）三个分支构成。共同特色是：①严守伊斯兰教清规，"忌血生，禁外荤"。②擅长煎炸、爆熘、煨煮和烤炙，以食物本味为主，清鲜脆嫩与肥浓香醇并重，讲究菜形和配色，餐具多系淡绿彩瓷。③生熟严格分开，甜咸互不干扰，冷热各成系列，尤为注重饮食卫生。

中国清真菜的代表品种有：涮羊肉（见图2-4-1）、烤全羊、白露鸡、清炒驼峰丝、腊马肠等。

图2-4-1

二、民族风味流派

（一）回族风味

回族散居在全国许多地区，形成了大分散、小集中的特点。据元代《居家必用事类全集》记载，当时的回民饮食中，还保留着较多的阿拉伯色彩。明清时期回族风味基本形成。

回族风味选料严谨、工艺精细，烹饪技法以炮、烤、涮、烩为主，口味咸鲜、汁浓味厚、肥而不腻、鲜而不膻。

西北地区的回族菜善于利用当地特产的牛羊肉、牛羊奶等原料制作，风格古朴典雅，耐人回味。京津、华北地区的回族菜取料广博，除牛羊肉外，海味、河鲜、禽蛋、果蔬也颇占比重，具有讲究火候、精于刀工、色香味并重的特色。西南地区的回族菜善于使用家禽和菌类植物，菜肴清鲜而不寡淡，注重原汁原味。

总的来说，回族风味以陕西的涮羊肉、烤羊肉串、炮羊肉、葱爆羊肉（见图2-4-2）、黄焖牛肉、清水爆肚，甘肃的炒鸡块，银川的麻辣羊肉糕，青海的手抓羊肉，吉林的清烧鹿肉，石家庄的全凤扒鸡，北京的它似蜜等最为著名。

图2-4-2

（二）满族风味

满族风味源于东北，形成于辽宁，发展于北京。明代，女真人定居东北地区，具有以杂粮为主食、猪肉为主要肉食的饮食习惯。清代，满汉民间和官府烹饪得以广泛交流，为满族烹饪更多地汲取汉族烹饪的特长创造了有利条件。康熙二十二年，宫中准许元旦日改满席为汉席，出现了满汉并用的局面，大大促进了满族菜肴的发展。到了清代末年，满汉并用的筵席格局广为流传。特别是京官赴任，地方用满汉席宴请，并融合一些地方菜肴而成为各具特色的满汉席。所以满汉席没有统一食单，在不同时间、不同地区、不同场合其规格也不同。

满族风味的烹调方法长于清蒸、清炖，进而有涮、汆。满族风味名菜有白肉血肠（见图2-4-3）、猪羊肉火锅、什锦火锅等。满族的名小吃有酸汤子、清东陵大饽饽、栗子面窝窝头、萨其马等。

图2-4-3

(三)朝鲜族风味

朝鲜族风味具有辛辣鲜香、酸甜适宜、清淡爽口、注重营养、讲究色泽的特点。朝鲜族人民喜爱泡菜（见图2-4-4），喜辣味，可以说无辣不成菜。朝鲜族风味代表菜有神仙炉、狗肉火锅、铁锅里脊、生拌鱼、酱菜、泡菜、云梅汤、雪浓汤等，主食中打糕、冷面最为著名。

图2-4-4

(四)维吾尔族风味

维吾尔族聚居新疆，主食牛羊肉，随着经济文化的发展，生活由游牧生活转向农业，饮食习惯也悄然改变，逐渐向肉、面、菜、果混食转变。

维吾尔族风味取料清洁，以牛羊、瓜果、蔬菜为主要原料，烹饪方法多为烤、炸、蒸、煮。代表菜品有烤全羊、烤羊肉串（见图2-4-5）、手抓羊肉、烤馕等。

图2-4-5

(五)蒙古族风味

蒙古族历史悠久，古以游牧为生，许多食品都是为了便于携带，能够长期储存且食用方便。近代，蒙古族与其他民族交流频繁，农业区从南向北发展，牧民开始定居，农业生产也有了长足发展，食物原材料越来越多，饮食品种也日益增多。

蒙古族风味以牛羊肉类、奶类为主，制作工艺讲究，多采用烤、蒸、煮、烧、炸等工艺。其风味独特，以鲜为主，辅以胡椒、奶香、烟香等。其代表菜品有烤全羊、手把羊肉、奶豆腐（见图2-4-6）、扒驼峰、炸羊尾等。

图2-4-6

（六）藏族风味

藏族分布在西藏、青海、甘肃和四川、云南等地，饮食主要以糌粑、酥油、奶茶、牛羊肉为主，少吃蔬菜，偶尔采食野葱、野韭菜，调味仅用盐，其他均为自然风味。常用的烹调方法为烤、蒸、炸、煮等。其代表饮食有牦牛肉干（见图2-4-7）、酥油茶、青稞酒、蒸牛舌等。

图2-4-7

课后练习

一、填空题

1.中国菜的发展经历了萌芽时期、＿＿＿＿＿＿、＿＿＿＿＿＿、成熟时期。

2.中国四大菜系有：＿＿＿＿＿＿、＿＿＿＿＿＿、＿＿＿＿＿＿、＿＿＿＿＿＿。

二、思考题

1.宫廷菜有哪些特点？

2.了解各大菜系的特点和代表食品，并写出你所在地区菜系的特点。

第三章

外国菜

第一节 西餐概述

> ※ **学习目标** ※
> 1. 了解西餐的特点。
> 2. 掌握西餐的组成与分类。
> 3. 了解西餐用餐礼仪。

一、西餐概念

广义上讲，西餐是西方饮食文化的总称。西餐在高档酒店和家庭用餐都是分餐制用餐，上菜顺序和方法都是很讲究的，包括开胃菜、汤、主菜及甜品。法国略有不同，顺序为：汤、开胃菜、主菜和甜品。

知识链接

由于欧洲各国的地理位置较接近，历史渊源很深，在文化生活上有着千丝万缕的联系，其中也包括餐饮文化，相互渗透融合，彼此有很多相同之处。此外，大多数西方人信仰的天主教、东正教、新教都是基督教的主要分支，因此，在饮食禁忌、进餐习俗方面相似。至于南美洲、北美洲和大洋洲，由于欧洲移民较多，因此，其餐饮文化也与欧洲相似。于是，人们常把这部分看起来大体相同，而又与东方饮食文化有着显著差异的西方饮食文化统称为西餐。

二、西餐菜式

（一）开胃菜

开胃菜称为头盘、头盆、开胃品，也可以是餐前小食品，其分量少，种类丰富，菜品搭配多样，分为冷开胃菜、热开胃菜、开胃汤等。在西餐厅用餐的第一道菜通常就是开胃菜，其目的是使顾客提高食欲，达到开胃效果。其特点是味道清新、造型美观，菜品多以酸味和咸鲜味搭配为主。

（二）汤

汤在西餐中占有很重要的位置，通常都是在上主菜前先喝汤，目的不是让顾客吃饱，而是滋润喉咙和刺激食欲。因此汤应分量少而精致，不仅使顾客感到赏心悦目、食欲大增，也为下道菜增加食欲和期待。

西餐中汤的种类丰富多样，有浓汤和清汤。浓汤的汤汁浓稠、味道醇厚。清汤多以肉类制作而成，味道清香，鲜甜可口。清汤还可分为热清汤和冷清汤品种。西餐的汤按使用原料和制作工艺不同可分为奶油汤、菜蓉汤、什锦汤、清汤和冷汤等。以下是西餐中具有代表性的几种汤。

（1）法国洋葱汤：洋葱炒至金褐色，加入酒和热高汤煮开，放入奶酪焗制而成的汤类菜肴（见图3-1-1）。

图3-1-1

（2）法国奶油汤：用油和面粉炒制，加入牛奶、鲜奶油、白色基础汤和一些调味料制作而成（见图3-1-2）。

图3-1-2

（3）蛤肉汤：是美国式的浓汤，以蛤肉为主要原料，搭配洋葱、土豆和清汤调味料制作而成（见图3-1-3）。

图3-1-3

（4）蔬菜汤：是用黄油和蔬菜再加入基础汤制作而成的汤类，种类繁多，色泽丰富，口味多样（见图3-1-4）。

图3-1-4

（5）罗宋汤：是发源于东欧地区的一种浓菜，加入马铃薯、牛肉、胡萝卜和奶油等熬制而成（见图3-1-5）。

图3-1-5

（三）主菜

西餐中的主菜有很多种，包括畜肉类菜品、水产类菜品、禽肉类菜品和蔬菜类菜品。

1. 畜肉类菜品

畜肉类菜品的原料主要是牛、猪、羊、牛仔（小牛）等各个部位的肉。其中最受大众欢迎、最有代表性的菜肴是西冷牛排（图3-1-6）。牛排或牛肉按肉的不同部位可制成各种菜肴，常见的名菜有西冷牛排、菲力牛排、沙朗牛排、肉眼牛排、匈牙利烩牛肉等。其他如猪肉菜品、羊肉菜品、牛仔类菜品的品种也非常多。肉类原料通常采用的烹饪方法有烤、煎、铁扒等。搭配的调味汁有黑椒汁、红酒汁、西班牙汁、浓烧汁、蘑菇汁、白尼丝汁等。

图3-1-6

2. 水产类菜品

水产类菜品的品种也非常丰富，其食材来自淡水鱼类、海水鱼类、贝壳类和软体动物类。其他食材还有甲鱼、食用蜗牛、食用蛙等，一般也都归为水产类。西餐中常把水产类原料与蛋品、面条、蔬菜等组合在一起统称为小盆菜。水产类菜品的烹饪方法有很多，如：煮、蒸、煎、炸、烤、焗、铁扒、烟熏等。搭配的调味汁也有很多，如：鞑靼汁（见图3-1-7）、荷兰汁、龙虾汁、美国汁、水手鱼汁、白奶油汁等。

图3-1-7

3.禽肉类菜品

禽肉类菜品的原料包括鸡、鸭、鹅等,野味类菜肴通常也归为禽肉类。禽肉类菜肴最具代表性的是美国的烤火鸡(见图3-1-8)。野味类菜品一般在冬季食用为多,目前有很多野味都是人工饲养,价格也不贵,一年四季都有货源提供,包括山鸡、竹鸡、珍珠鸡、斑鸠等。禽肉类菜品的烹调方法包括:烤、炸、烩、焗等。主要的调味汁有咖喱汁、奶油汁等。

图3-1-8

4.蔬菜类菜品

沙拉(Salad)一词来自英语,其含义是一种冷菜,常作为西餐的开胃菜肴,其主要材料是绿叶蔬菜。现代沙拉的制作和原料搭配在欧美人的饮食中具有重要的地位,根据用途可以分为开胃菜、主菜、甜菜、辅助菜等,制作沙拉的原料也从过去单一的绿叶蔬菜发展到各种食材都可以组合搭配。

绿叶蔬菜沙拉是使用新鲜的生菜或其他青菜经过清洗后制作而成,常用的绿叶蔬菜包括生菜类、莒荚菜类、菠菜和西洋菜等。普通蔬菜沙拉(见图3-1-9)是由一种或几种非绿叶蔬菜作为主要原料制作的沙拉,常用的普通蔬菜有卷心菜、胡萝卜、西芹、黄瓜、青圆甜椒、白蘑菇、洋葱、水萝卜、番茄、意大利小瓜等。主要的调味酱汁有千岛汁、黑醋汁、凯撒汁等。

图3-1-9

（四）甜品

品尝完主菜后一般还要食用各种各样的甜品。甜品可分为冷甜点和热甜点两种：冷的有冰激凌（见图3-1-10）、冷布丁、巧克力、冻糕及冻点心等；热的有布丁、苏夫利、酥点、法国火焰薄煎饼等。甜品是用完正餐后的食品，量不在于多，而在于精致、漂亮、能吸引人们的眼球。因此甜品内在不仅要味美，外在还要注重装饰。装饰一般最常用到的是水果、巧克力、鲜奶油等。

图3-1-10

三、西餐特点

（一）西餐原料特点

西餐所用原料非常多，有动物性原料、植物性原料、奶制品、烟熏制品等。每道菜肴都应做到量少而精致，物尽其用，追求自然、大方、简单而又不失雅观。西餐中最常用到的是牛肉，然后是羊肉和猪肉。为了用餐方便，用餐者会使用刀叉，将大块菜肴切成小块后再食用。西餐里生食并不少见，如生蚝、蔬菜沙拉等。因此，西餐中对原料的卫生是非常讲究的。

（二）西餐烹制特点

西餐的烹饪方法非常多，其菜肴种类也很丰富。西餐烹制菜肴的特点是突出主料，追求菜肴的造型、颜色、味道和营养。在烹制过程中，选料很重要，对食品原料的质量和卫生有严格的要求。例如，畜肉中的筋和皮一定要剔除干净，水产类的鱼要把头尾和皮骨等全部去除掉。西餐菜肴非常讲究调味，菜肴在烹饪前的调味、烹饪中的调味和烹饪后的调味都有严格要求。例如，以扒、烤、煎和炸等方法烹制的菜肴，在烹饪前都会用盐和胡椒粉进行腌制，甚至还会加入橄榄油。而以烩和焖等方法烹制的菜肴通常是在烹饪中调味。不仅如此，有许多菜肴还会在烹饪后调味。西餐调味料的品种很多，仅香料就有上百种。制成一道菜肴通常需要用到多种调料。西餐烹制也很讲究火候的运用。例如，牛排（见图3-1-11）的成熟度有三分熟（Rare）、五分熟（Medium）、七分熟（Seven mature）和全熟（Well-done）之分。西餐菜肴讲究食材的数量和色彩的合理搭配，保证菜肴的营养。由于食材的新鲜度对菜肴成品质量的影响非常大，所以西餐对原料的储存温度、保存时间和产地来源要求很严格。

图3-1-11

（三）西餐服务特点

现代西餐的用餐方式是采用分餐制（见图3-1-12）。菜肴是按位上的，每道菜肴都由厨师精心筹备与制作，最后由服务员根据上菜顺序将菜肴送到客人面前。西餐服务讲究用餐整个过程中的服务，包括环境的灯光、音乐、色彩和服务员的言行举止等。西方国家对菜肴种类和上菜的顺序有着不同的要求。传统西餐讲究每餐菜肴的道数。人们在正餐通常食用3~4道菜；在隆重的宴会场合，可能会有4~5道菜。而现代西方人用餐较为随意。

图3-1-12

四、西餐分类

根据地域的不同，西餐可分为法式、英式、意式、俄式、美式、德式等多种不同风格。在众多的西式菜肴中，法式大餐较为著名。法国一直是以美食而闻名，菜肴特点是选料广泛、用料精细，花色菜肴品种多样，滋味有浓有淡，如红酒牛排（见图3-1-13）。

图3-1-13

英式西餐注重简洁和礼仪，在饮食烹饪方面有着家庭美肴之称。其菜肴特点是少油清淡，最为常见的烹调方法是蒸、煮、烧和熏。

美式菜肴是在英国菜肴的基础上延伸出来的，传承了英式菜肴少油、简单、清淡的风味，口味咸中略带甜。美国人通常对辣味的菜肴不感兴趣，但几乎所有的人都喜欢铁扒类的菜肴，通常使用水果作为配料与主料一起烹制，如：菠萝焗火腿、橘子烤野鸭（见图3-1-14）。美国人喜欢吃各种各样的新鲜蔬菜和水果，还有各种煎扒类菜肴，但对于饮食方面要求并不是很高，更注重菜品的营养和方便快捷。

图3-1-14

　　俄式大餐是西餐菜肴中的经典。沙皇俄国时代的上层人士非常推崇法国，贵族多以讲法语为荣，而且饮食方式和烹饪技艺也学习法国，如红烩牛肉（见图3-1-15）。但经过多年的演变，特别是受北欧地区食物讲究热量高的风气影响，俄式菜肴逐渐形成了自己的烹调特色。

图3-1-15

　　德式菜肴的特点是啤酒（见图3-1-16）加自助。德国人在饮食方面并不十分讲究，喜吃各种水果、奶酪、香肠、酸菜、土豆等，讲究实惠营养。德国人非常喜欢喝啤酒，每年的慕尼黑啤酒节大概要消耗掉100万升啤酒。

图3-1-16

五、西餐用餐礼仪

　　西餐用餐礼仪主要在餐具、菜肴、酒水、座位等方面不同于中餐礼仪，因此，在参加西餐宴会时，除了应遵循平常宴会基本礼仪之外，还要掌握以下几个方面的用餐礼仪知识。

（一）餐具使用的礼仪

　　在品尝西餐菜肴时，必须注意餐桌上餐具摆放的排列和位置（见图3-1-17），不可随意乱取乱拿餐具。正规场合的宴会上，每一道菜肴对应地配有一套餐具，并按上菜的先后顺序，餐具由外向里排列。用餐时，先用左右两侧最外边的一套刀叉。每品尝完一道菜，将刀叉合拢并放置在碟中间，表示此道菜肴用餐完毕，服务员会主动上前取走这套餐具。如果还没有用完餐或暂时停顿，要将刀叉摆成八字形或者交叉摆在餐碟上，刀刃向内，意思是我还没用完餐，服务员也不会把餐具拿走。使用刀叉时，尽量避免刀叉之间或者刀与碟的碰撞，以免发出声音影响其他人，这也是文明礼貌的表现；更不可在与别人交谈时向着别人挥动刀叉。

图3-1-17

（二）用餐礼仪

西餐菜肴品种繁多，风味特点各异，因此在上菜的顺序方面，不同的菜系和不同的规格有所差异，但其基本顺序大致相同。一套齐全的西餐一般都会有七八道菜肴，由以下几部分组成：

（1）饮料（果汁）、水果或冷盘。又称开胃菜，目的是促进食欲。

（2）汤类。需要用汤匙来品尝，一般会配有黄油和面包。

（3）蔬菜、冷菜或鱼（也称副菜）。可根据菜肴在餐盘两侧摆放相应的刀叉。

（4）主菜（肉食或熟菜）。肉类主菜一般配有各种蔬菜，由于肉料比较大，所以需要用刀叉切割后放在餐盘内再食用。如有沙拉，需要沙拉匙和沙拉叉等餐具搭配。

（5）餐后食品。一般是甜品（点心）水果、冰激凌等。最后一道是咖啡，喝咖啡应使用咖啡匙或者长柄匙。

在用餐时，除用刀、叉、匙取送菜肴外，必要时还可以用手取食物。如吃鸡肉、龙虾时，经主人示意，可以用手掰开吃。对于饼干、薯条或小粒水果，也可以用手取食物，面包则一律用手掰。在食用时也要注意形象和礼节，拿菜肴时要拿自己左手前面的，不可拿错。食用面包时，左手拿，右手撕开，再把奶油涂抹上去，一小块一小块地撕开来吃。不能拿面包蘸汤吃，也不能一整块咬着吃。

喝汤时，不能拿汤盘对着嘴喝，必须用汤匙一口一口地舀着喝。不要发出吱吱的声响，喝的速度也不能太快。如果汤的温度高，要等汤自然降温后再喝。这样才能品尝到汤的味道，而且也能体现出个人的用餐素养。

品尝肉类菜肴的时候，要注意食用方法。用叉压住菜肴，轻轻地用刀切，然后用叉子叉住切下的小块菜肴送到嘴中食用，不能用叉子将菜肴整个叉起来，送到嘴里去咬。餐盘中除了肉类菜肴还有蔬菜，用于点缀和消除油腻。餐桌上还有一些已经备好的配料，如果自己不方便取，可以麻烦一下服务员，而不应自己站起来伸手去拿。

在吃西餐的场合下，用餐中互相交谈是很正常的现象，但说话的声音不能过大，也不能放声大笑，更不能抽烟。在吃东西时要细嚼慢咽，嚼食物时不能发出过大的声响，不能把刀叉伸进嘴里，更不能拿着刀叉在别人面前比画，这都是失礼、不礼貌、不文明和缺乏个人修养的行为。

吃西餐还要注意坐的姿势。坐姿要正，背部不可紧挨着椅背，一般坐于座椅的四分之三处。不可伸腿到桌子外面，也不能跷起二郎腿，不要将手臂放到桌面上。

饮酒时，斟酒最多斟八分满，有时候会更少，如斟酒斟到满或者溢出来，都是很失礼的行为，西方人吃西餐喝酒一般不劝酒，喝不喝酒、能喝多少酒都是个人随意的。在用餐的过程中，如果需要喝酒，可先擦一下嘴，再去喝酒，这样酒杯口就不会出现口印。敬酒或者干杯时，即使不喝，也要将酒杯在嘴唇边碰一下，以示礼貌。

总之，西餐的礼仪很讲究，规矩也非常多，只要认真去对待和掌握，就能在用餐时表现得温文尔雅、风度翩翩、绅士而又大方。

第二节　法国菜

❋学习目标❋

1. 了解法国菜的历史。
2. 掌握法国菜的风味特点。
3. 了解法国人的饮食习俗。

一、法国菜概述

法国的历史和文化源远流长，在18世纪法国大革命以后，其丰富多彩的宫廷菜肴和点心逐渐走向民间，各个地区也有着各具特色的地方菜肴。法国菜品种丰富、调味别致、用料讲究，已经达到了很高的水平，被西方誉为"欧洲烹饪之冠"，是西餐界重要代表流派之一。

二、法国菜的历史

法国菜是西餐中非常有影响力的流派，烹饪技术非常高明，被誉为西方饮食文化的明珠。据记载，公元3世纪前后，罗马人高超精湛的烹饪技术对当时法国饮食文化的发展起到了很大的促进作用。而法国菜真正的发展和繁荣是从17世纪开始的，这在很大程度上得益于意大利女子凯瑟琳嫁入法国王室，将意大利文艺复兴时期的烹调技艺、美食、食谱及华丽餐桌装饰制作带到了法国，使法国菜得到很好的发展机会。法国菜更进一步的发展，则是在路易十四、路易十五时期。法皇路易十四经常在凡尔赛宫为他的300多名厨师举办烹饪比赛，成绩优异者可由皇后授予绶带。路易十五、路易十六都非常崇尚美食，食不厌精，因此法国名厨辈出，制作出许多名菜名点，烹饪技术代代相传并被世人赞赏，在世界烹饪界具有举足轻重的地位。近年来，法国菜不断发展和精益求精，将传统与现代元素相互融合，在烹调上更加突出风味、个性、天然以及色彩的搭配。

三、法国菜的烹饪原料

法国菜选料广泛，在食材的挑选和运用上有三个特点：用料广泛、选料新鲜和奶制品多。无论是稀有珍贵的还是普通常见的食材，都可以作为烹饪原料，如蜗牛、海鲜、椰树心、马兰、黑菌等。厨师利用蜗牛和蛙腿做成的美味菜肴，是法国菜中的经典名菜，许多人专程慕名前往法国品尝。此外，法国菜还经常选用动物内脏等副产品，如牛胃、鹅肝、鸡胃、鸡冠等，都可以制作出味道鲜美的菜肴。由于食材选料广泛，能按季节的变化来制作新的时令菜肴，规定每道主菜的配菜由蔬菜来搭配而且不能少于两种，且要求烹调技法多样化，如土豆就有几十种烹调的做法。法国菜中有一些是名菜，但也不是所有菜肴全用名贵材料制作而成，有些很普通、很便宜的材料经过厨师精心制作也能成为名菜，如著名的洋葱汤就是用洋葱和一些调味料制作而成。

四、法国菜的风味特点

法国菜讲究的是口味自然和鲜美,很多食材使用简单的烹调方法就能制作出美味的菜肴,有些食材无须动火,可以直接食用。法国菜做工精细,味道鲜美,菜肴讲究色、香、味、形的搭配。法国菜要求菜肴原料水分充足,质地鲜嫩,不符合要求的食材绝不会使用。如烹制牛扒,厨师要根据客人的要求成熟度(一般是三四成熟),相应烹制出来;烤野味、烤牛肉、烤羊腿往往只需要七八成熟;有些生长在深海的海鲜一般都是生食,如生蚝、三文鱼、金枪鱼、八爪鱼等。法国菜的调味除了运用各种各样的酱汁外,还会用到酒,做什么菜要选什么酒都有严格要求,一道菜肴可能会用几种酒来烹调。如清汤就选用葡萄酒,海味就用白兰地,畜肉类和禽肉类选用舍利酒,野味就用红酒等。

五、法国人的饮食习俗

法国是一个浪漫的国家,特别讲究进餐时的情调和氛围。如精美的器具、温暖的烛光、优雅的环境,有些餐厅还布置得富丽堂皇。法国人往往把用餐看作是一种休闲和享受,将餐饮赋予哲学的意义,还把餐饮视为一种联络感情和广交朋友的方式。法国的正餐或宴会的用餐时间通常是2~3个小时;一般由6道或更多的菜肴组成:开胃菜、沙拉、主菜、奶酪、甜点和水果等;酒水包括有果汁、咖啡、开胃酒、餐酒和餐后酒等。现代法国菜与传统的高卢菜相比较,体现出更朴实、更新鲜并含有创造性和艺术的内涵。法国人早餐用餐时间在早上7点到9点,以清淡和简单为主,如牛角面包、奶油、果酱、饮料等;午餐用餐时间一般是中午12点到下午2点,也有些人把午餐当正餐,一道开胃菜、一道主菜、饭后甜品和一杯咖啡;晚餐通常是在晚8点或者更晚一些,是一天中最正式的一餐,是全家人聚在一起交谈和增进感情的好时机。红酒在法国几乎每餐都是必备的,法国人的饮食习俗已经成为西方宴席的经典模式。

六、著名的法国代表菜

(一)鹅肝酱

简介:鹅肝酱是法国最著名美食之一,鹅的饲养方法比较特别,是筛选出优良品种的鹅,用小麦、玉米、脂肪和盐混合而成的饲料采用"填鸭式"进行喂养育肥。将鹅宰杀后取肝,挑除肝的筋膜,去掉胆,放到锅里煎,再加各种香料进行调味,用小火焖制,冷却后,放到搅拌机搅碎,加黄油和鲜奶油调和即成。然后再倒入盒子里,放入冰箱冷冻。食用时将盒子放在热水里稍烫,然后扣在碟子上,即可上菜(见图3-2-1)。鹅肝酱的主要原料有鹅肝、盐、鹅油、黄油、洋葱、鲜奶油、雪莉酒、胡椒粉、香叶、百里香、豆蔻粉、基础汤。

特点:鹅肝酱制作要精细油滑,花纹装饰成一些图案,色泽呈浅棕色,细腻肥嫩,鲜香微咸,是冷菜中的佳品,也可制作成其他菜肴中的配菜。

图3-2-1

（二）牡蛎杯

简介：牡蛎即生蚝，是生活在海洋中的贝壳类动物，现在基本以人工养殖为主。先将生蚝外表的壳清洗干净，再取出生蚝肉，将新鲜生蚝洗净，滤去水分，吸干表面的水分，将生蚝放入鸡尾酒杯内，再淋上甜辣椒沙司和一些装饰即可制成牡蛎杯（见图3-2-2）。

特点：生蚝味道鲜美，是法国人最喜爱的海味冷菜，必须要注意干净卫生，要现吃现做。

图3-2-2

（三）法式焗蜗牛

简介：先将蜗牛处理洗干净后切成丁，将香菇、冬笋、蘑菇、火腿切成丁，将鸡蛋打成蛋泡糊待用，热锅加入黄油，将所有原料倒入锅内加入调味料炒熟炒香，装入蜗牛壳内（见图3-2-3），再将鸡蛋糊封口焗2分钟即可。

特点：味香、肉质嫩，品尝后让人回味无穷。

图3-2-3

（四）烩鸭肉配橙汁沙司

简介：将鸭肉斩件，加入调味料腌制，沾上面粉煎成金黄色，用黄油炒香洋葱碎和番茄酱，加入布朗汤，再放入鸭块、橙汁、橙皮水、蜂蜜、橙子酒、盐、胡椒粉烩制成烩鸭肉配橙汁沙司（见图3-2-4）。

特点：棕红色，有光泽，香味浓郁，鸭肉软烂适中。

图3-2-4

(五)洋葱汤

简介:洋葱汤(见图3-2-5)是法国菜肴中的名菜,制法相对比较简单,但技术含量却很高。将洋葱切成细丝,将黄油融化至变色,加入洋葱炒制成棕褐色,加入面粉炒香,加入白葡萄酒和牛基础汤,加入盐、胡椒粉、百里香和香叶轻轻搅拌,小火煮制即可。

特点:色泽棕褐,口味咸鲜,风味浓郁。

图3-2-5

(六)沙朗牛排

简介:沙朗牛排又译作西冷牛排(见图3-2-6),选用牛上腰部的脊肉,这是牛身上肉质较好的部位,是牛排中的经典。沙朗牛排用盐和黑胡椒碎腌制,再抹上橄榄油,烧热扒炉后下橄榄油,先将牛排边沿都煎一遍,封锁住水分,再煎两面。煎至三到四成熟即可,也可根据客人的要求制作。还要配上酱汁和一些蔬菜类配菜。

特点:肉细多汁,口感鲜嫩,肉香四溢,令人垂涎。

图3-2-6

(七)马赛鱼羹

简介:马赛鱼羹是法国南部靠近地中海的城市马赛一道有名的汤。这道菜肴选用当地新鲜的鱼和其他海鲜再加上一些香料和番茄酱汁,加清汤和调味料烹制而成(见图3-2-7)。食用的时候,将鱼肉捞起来品尝,另外备一些面包,可以将汤汁淋到面包上食用。

特点:各种海鲜结合在一起,味浓软香,散发出鲜美的味道。

图3-2-7

第三节 英国菜和美国菜

※学习目标※

1. 掌握英国菜的风味特点。
2. 了解英国人的饮食习俗。
3. 掌握美国菜的风味特点。
4. 掌握美国人的饮食习俗。

一、英国菜

（一）英国菜概述

英国地处欧陆西侧，因受北大西洋洋流的影响，属于冬暖夏凉、常年有雨的温带海洋性气候。英国以种植饲料作物和牧草为主，并发展奶酪制品。由于英国本身的食粮和畜牧产品都不能满足自身需求，需要从世界各国进口，所以，其烹饪原料和烹饪技巧都会受到国外的影响。不过，英国是一个历史悠久的国家，所以还是会保留一些传统饮食习俗和烹饪技巧。英国人比较常用的烹饪方法有烩、烤、煮和炸，对于肉类、海鲜、野味的烹饪更有独特的方式。他们对牛肉情有独钟，如烧烤牛肉，在食用时还会搭配时令的蔬菜，并喜欢在牛排上加少许的芥末酱；在原料的使用上更喜欢奶油和酒类；在香料选择上更喜欢豆蔻、肉桂、香叶等新鲜香料。英国餐厅的菜肴品种丰富多样，有果汁、蛋类、肉类、麦粥类、面包、蔬菜及咖啡等。现在比较流行的下午茶起源于英国，较著名的有维多利亚式，餐点品种多样，包括各式小点心、糕点、水果及三明治等。苏格兰威士忌和琴酒都是世界著名的酒。

知识链接

英国人口约6600万，主要是英格兰人，约占总人口的83%，此外还有苏格兰人、威尔士人和爱尔兰人。英国的农业不发达，粮食每年都要进口，但畜牧业发达。英国人不像法国人那样崇尚美食，因此英国菜相对来说比较简单，英国人也常自嘲不擅烹饪。

（二）英国菜的风味特点

英国菜在选料方面比较单一，注重菜肴的原汁原味。简单而有效地利用优质原料，尽量保持原料本身的质地和风味是英国菜的重要特点之一。英国菜选料受当地自然环境影响，英国面向大海，但渔场数量不多，英国人不太爱吃海鲜，但对于牛肉、羊肉、禽类等都比较喜爱。英国菜被称为"家庭美肴"，其烹调方法多源于家常菜肴，口味清淡、甜酸、油而不腻。

（三）英国人的饮食习俗

英国人十分重视早餐，尤其是周末的早餐。英国人吃早餐的时间一般是7点到9点。传统的英式早餐形式比较多样，先吃一点麦片粥，可以加入牛奶或奶油以及糖或盐之类；接着食用熏肉片加鸡蛋或者腊肠，还可以吃熏鱼或鲜鱼；最后吃些烤吐司面包抹黄油或果酱，有时会吃些水果、饮料或者咖啡。

午餐一般是在12点到2点。大多数人的午餐相对比较简单，有些人会吃晚上剩下的冷肉，还会加一些新鲜蔬菜制成的沙拉，再吃些肉饼、布丁和水果，吃完饭后再喝杯咖啡。也有些人把午餐当主餐，要吃牛扒等菜肴，以及甜饼、饼干、干酪，还会喝些啤酒。

下午茶习惯在下午4点到5点，一般由红茶、蛋糕、面包和饼干组成。

在英国，晚餐是一天中的正餐，正规的晚餐至少要包括三道菜，最常见的主菜就是烤肉类菜肴再浇上肉汁，以及牛排、火腿、鱼等，通常是每人一份。还会配一盘拌了黄油的土豆泥或青菜沙拉等。通常饭前会先喝一碗汤，饭后还有点心、冰激凌和水果等。用餐时一般会喝啤酒或葡萄酒。

（四）著名的英国代表菜

1.伦敦牛扒

简介：用肉锤敲打牛排的两面，使其肉质更嫩，用保鲜袋装好牛排，加入卤汁，放入冰箱腌制2～3小时。烹制时将锅烧热，下橄榄油煎制，适时将牛扒翻动使其受热均匀，成熟度才能达到一致（见图3-3-1）。

特点：低脂多汁，甘甜醇美，富有嚼感。

图3-3-1

2.爱尔兰烩羊肉

简介：在英国，这道菜肴家喻户晓，所用的材料比较多，但制作流程并不复杂。先将羊肉、西芹、土豆、胡萝卜切块，羊肉用盐胡椒碎腌制，将其他香料捆扎在一起，锅内放少许牛肉高汤，将羊肉略炒，再加入高汤，炖煮大概1小时，去掉浮沫；加入其他配料和香料继续炖煮35分钟，最后用盐和胡椒碎调味，再撒上欧芹，即制成爱尔兰烩羊肉（见图3-3-2）。

特点：肉质软糯，汤汁醇厚，香味浓郁。

图3-3-2

3.牛尾浓汤

简介：先将牛尾过水，去掉血污，炒洋葱、土豆、番茄，加入少量番茄酱炒香，倒入高汤炖煮2个小时至牛尾软烂，最后加盐、胡椒粉调味，即制成牛尾浓汤（见图3-3-3）。

特点：风味独特、香味醇厚。

图3-3-3

二、美国菜

（一）美国菜概述

美国是典型的多民族国家。自从哥伦布1492年抵达美洲之后，欧洲很多国家的人就开始不断向北美地区移民，他们把本国的饮食习惯和烹饪方法带到了美国，所以美国菜可称为东西融合、南北并存。因为美国面积大，气候条件好，食材品种繁多，交通运输方便快速，冷藏设备完善，厨师、家庭主妇烹饪的食材选择十分丰富，同时他们在烹饪时很注重营养搭配。另外，美国菜注意融合其他国家不同的烹饪方法，形成了自己多姿多彩的饮食文化。

知识链接

美国人口约3.3亿，其中62%是白种人，大部分是欧洲移民的后裔，13%是黑人，5.9%是亚裔，此外还有墨西哥人、阿拉伯人等，是典型的移民国家。来自不同地区的人，带来的是不同的文化和风俗。美国气候条件比较好，农业比较发达，畜牧业和水产业也很发达，并且盛产各种水果。

（二）美国菜的风味特点

由于美国盛产水果，品种丰富，人们都喜欢拿水果来做菜肴，除了沙拉用到水果外，热菜也经常使用水果，口味上具有咸中带甜的特点。美国人也很注重菜品的营养，色、香、味俱全，很多菜肴都配有蔬菜，特别是沙拉菜肴包含非常多的种类。美国菜在菜肴的烹调技法上喜欢运用简单的方法，追求的是清淡、自然口味；在菜肴成品的风格上丰富多样，不断创新菜品。

（三）美国人饮食习俗

美国人的早餐喜欢吃简单的菜肴，如各种果汁、甜点心，对沙拉非常喜爱。沙拉原料通常选用各种蔬菜和水果，蔬菜有罗马生菜、九芽生菜、罗莎红、紫甘蓝等，水果有香蕉、苹果、火龙果、哈密瓜、猕猴桃、牛油果等。美国人做菜喜用水果作辅料或者酱汁，如菠萝鸡腿、苹果烤鸭、烤火鸡配苹果、橙味烤野鸭等；对铁扒类的菜肴也很喜欢，如美式什锦铁扒等；炸制类的菜肴也经常吃，如炸鸡腿配辣椒番茄汁、炸香蕉、炸苹果等。

（四）著名的美国代表菜

1.烤火鸡

简介：烤火鸡是西方人在感恩节必不可少的一道菜肴（见图3-3-4），传统做法是用木炭烤制，但现在为了方便，多数都是用电烤箱来制作。将火鸡用香料和调味料腌制，把洋葱、胡萝卜、芹菜切细，放入火鸡的腹部，再进行烤制。

特点：色泽金黄，鸡皮油润而不裂开，鸡肉嫩滑。

图3-3-4

2.美式牛排

简介：美式牛排制作简单，口感良好，一般选用眼肉、西冷牛排或者T骨牛排来制作。先用蒜盐、黑胡椒碎和橄榄油腌制牛排，再放入平底锅煎至所需熟度即可上菜（见图3-3-5），还可以配各种蔬菜和酱汁。

特点：入口酥软，滋味浓郁，口感鲜嫩。

图3-3-5

3.苹果沙拉

简介：将苹果去皮切成丁，用盐水稍微浸泡一下，沥干水分后再加入酸奶和蛋黄酱拌均匀，即制成苹果沙拉（见图3-3-6）。

特点：清爽可口，清脆香甜。

图3-3-6

4. 美式烤猪腿

简介：将猪腿加工定形，加入芹菜、洋葱、胡萝卜、大蒜、香叶、紫苏、迷迭香等腌制，烤盘抹上色拉油，铺上洋葱和大蒜，上面放上腌制好的猪腿，再抹上蜂蜜，放入烤箱烤熟和上色，用柠檬、酸黄瓜等装饰菜碟，再配上红果沙司即可（见图3-3-7）。

特点：外酥里嫩，皮脆肉嫩，鲜香可口，成菜美观。

图3-3-7

第四节　俄罗斯菜和意大利菜

✳ 学习目标 ✳

1. 掌握俄罗斯菜的风味特点。
2. 了解俄罗斯人的饮食习俗。
3. 掌握意大利菜的风味特点。
4. 了解意大利人的饮食习俗。

一、俄罗斯菜

（一）俄罗斯菜概述

俄罗斯菜中除了自己民族的传统菜肴之外，还学习了欧洲和亚洲一些国家的菜式，经过长时间演变，最后形成具有独特风味的俄式菜。俄罗斯的宫廷菜肴闻名世界，影响深远。

（二）俄罗斯菜的风味特点

俄罗斯很多人都喜欢吃酸黄瓜、酸奶渣，这也是制作俄罗斯菜肴较常用的原料。在制作菜肴时，酸黄瓜可用作配菜也可以用作冷菜；酸奶渣既可作主料又可以作馅料，还可以作冷菜。

黄油在俄罗斯菜中是必不可少的，许多菜在烹制过程中都会加入黄油，所以给菜肴赋予更加浓香的味道。鱼子酱是俄国菜肴中的名贵冷菜，从营养角度看黑鱼子酱比红鱼子酱更好。俄罗斯菜中的肉类以牛肉、羊肉、鸡肉为主。牛肉和羊肉通常做成馅或者肉饼。高加索地区的烤羊肉是世界闻名的美味佳肴。其中烤山鸡被称为俄罗斯冬季名菜之一。

知识链接

俄罗斯横跨欧、亚大陆，地域广阔，人口约1.46亿，其中俄罗斯族约占人口的77%，大部分居住在欧洲。俄罗斯的农业有着悠久的历史，粮食能自给，但物产不够丰富，食品工业不是很发达。俄罗斯菜形成较晚，主要是俄罗斯、乌克兰和高加索等地区的菜肴。俄罗斯贵族比较崇尚法国，很多菜式来自法国、波兰、意大利。据资料记载，意大利人在16世纪将香肠、通心粉和各种面点带入俄罗斯，德国人在17世纪将德式香肠和水果带入了俄罗斯，法国人在18世纪初期将沙司、奶油汤和法国面点带入俄罗斯，然后俄罗斯人又根据自己的饮食习惯，加以改变，形成自己的菜式。

（三）俄罗斯人的饮食习俗

俄罗斯人的早餐比较简单，多是面包夹火腿，喝茶、咖啡或牛奶。午餐则丰富得多，通常都有三道菜。第一道菜之前是沙拉。第一道菜是汤，俄式汤类比较有营养，有土豆丁、各类蔬菜，还有肉或鱼片，如著名的俄式红菜汤。第二道是菜肉类或鱼类加一些配菜。第三道菜是甜点和茶、咖啡等。

俄罗斯人的主要食物有面包、牛奶、马铃薯、牛肉、猪肉和蔬菜，喜欢吃黑麦面包、鱼子酱、咸鱼、熏鱼、黄油、酸黄瓜、酸牛奶、西红柿、火腿、冻肉等，还喜欢吃用面粉、蜂蜜加香料制成的甜食。

饮茶是俄罗斯人的嗜好，尤其是红茶。俄罗斯人的饮茶习惯与中国人大不相同，一般要放糖，喝茶时，还就着果酱、蜂蜜、糖果和甜点心。俄罗斯人的餐具是刀、叉和勺，一般是右手拿刀，左手拿叉。吃蔬菜时，一般不炒，多制成沙拉。众所周知，俄罗斯人善饮，通常男人喜爱喝伏特加酒，女人喜爱喝葡萄酒和香槟酒。

（四）著名的俄罗斯代表菜

1. 鱼子酱

简介：鱼子酱（见图3-4-1）是以鲟鱼和鲑鱼的卵腌制而成的佳肴。从颜色来分，鲟鱼卵是黑色的，称为黑鱼子酱；鲑鱼卵是红色的，称为红鱼子酱。它们都不需要烹调，直接就可以生吃，营养丰富。食用时可以把鱼子酱放在面包上吃，或放在饼干、吐司上加些柠檬汁吃，也有放在冷菜上面作装饰来吃的。

特点：高品级的鱼子酱，颗粒圆润饱满，色泽清亮透明，甚至还会微微泛着金黄色的光泽，味道腥咸。

图3-4-1

2. 串烤羊肉

简介：将羊肉切成3厘米左右的正方块，加入盐和椒粉搅拌均匀，再加入切好的洋葱末、柠檬汁等，放入冰箱腌制24小时。然后用特制的铁签将羊肉块、红椒块、番茄块和白蘑菇等穿在一起，放在炭火上烤制，要刷上生菜油不停地转动，使其受热均匀并上色。烤至八成熟，连同铁签一起上菜即可（见图3-4-2）。

特点：色泽金黄，肉嫩可口，不腻不膻，香味诱人，别有风味。

图3-4-2

3. 罗宋汤

简介：罗宋汤又称俄式红菜头汤（见图3-4-3）。在沙司锅中加入黄油加热融化，炒香洋葱，加入胡萝卜、西芹、白萝卜、土豆、卷心菜炒均匀，再加入番茄、番茄酱、香叶和百里香炒匀后，倒入牛清汤，用盐、胡椒粉、辣椒、白糖、柠檬汁和辣椒调味。成菜前，加入红菜头丁和红菜头汁，盛入汤盆中，浇上酸奶油，撒上鲜莳萝末即可。

特点：色泽艳红，咸、酸、甜、辣，口味丰富，有蔬菜粒清香。

图3-4-3

4. 酸黄瓜

简介：酸黄瓜（见图3-4-4）是腌制品，在俄罗斯及东欧地区非常受欢迎，不但可作为菜肴的主料或配料，还可作为装饰。腌制酸黄瓜是选用鲜嫩、个小、无虫口的黄瓜，洗干净晾干水分，装入泡菜坛，同时加入芹菜根、香叶、大蒜头、胡椒、藿香草等配料，再倒入冷盐水，用比较重的瓷碟压住，不让黄瓜漂浮起来。坛口用油纸封住，放在阴凉处贮藏，浸泡两个月后就可以取出食用。

特点：酸淡清香，酸脆甘甜，脆嫩可口。

图3-4-4

5.黄油鸡卷

简介：黄油鸡卷又称基辅鸡卷（见图3-4-5），是将鸡脯肉去除外层硬皮并片成薄片，黄油用刀压软做成月牙形放在鸡脯肉中间，撒上盐和胡椒粉，沾上面粉，裹上鸡蛋液，再沾上面包糠，收齐边沿炸至金黄色，食用时配上炸土豆丝、蔬菜等即可。

特点：色泽金黄，外脆里嫩，鲜香可口，形态美观。

图3-4-5

6.铁扒大虾

简介：将大虾的须和腿剪掉，从背部切开，去掉虾线，洗干净后用纸吸干水分，用盐和胡椒粉腌制；把大虾的表面沾上薄薄的一层面粉，抹上奶油，用黄油煎上色，烹入白葡萄酒，再放入扒炉扒上焦纹。把虾放在碟中间，在碟的旁边配上彩椒、番茄片、西兰花、芦笋等即制成铁扒大虾（见图3-4-6）。

特点：色泽光亮，鲜香微咸，鲜嫩多汁。

图3-4-6

二、意大利菜

（一）意大利菜概述

意大利菜被称为"欧洲烹饪的鼻祖"，是西餐重要流派之一。它是意大利悠久历史和灿烂文化的结晶。早在两千多年前，古罗马人就在烹饪上显示出他们的才华和对饮食的热爱。古罗马人举办的宴会，菜品丰盛，制作水平相当高，特别是在面食制作方面，世界领先。在哈德良皇帝时期，罗马帝国甚至在帕拉丁山建立了一所厨师学校，以发展烹饪技艺。此外，意大利位于欧洲大陆的南部，三面临海，物产十分丰富，这为意大利菜的发展奠定了坚实的物质基础。因此，意大利菜在很早以前就逐渐形成了自己独特的风格，并且在西方世界产生了巨大的影响。

（二）意大利菜的风味特点

意大利菜在原料的选择和使用上特色鲜明，历史悠久，传统菜肴非常多，制作方面讲究原汁原味，注重食物的本质和本味，调味比较简单和直接，用得比较多的是番茄酱、橄榄油、香草和红花。传统的红烩和红焖的菜肴比较多，而现在流行的烧烤和铁扒类菜肴相对比较少。

相传13世纪时，意大利旅行家马可·波罗把中国的面条传回意大利，如今意大利的面食闻名世界，仅面条就有几十个品种，而且还可以做成各种菜肴。

（三）意大利人的饮食习俗

意大利人每日也都是三餐：早餐、午餐和正餐。早餐很简单，以浓咖啡为主；午餐由意大利面条汤、奶酪、冷肉、沙拉和酒水等组成；正餐较丰富，包括开胃酒、清汤、意大利烩饭、意大利面条、主菜、沙拉和甜点等。意大利人喜欢各种各样的开胃小菜、青豆蓉汤、奶酪比萨、烩意大利面等。意大利人在品尝正餐时，第一道菜大都会选择香肠、烤肉或瓢青椒等作为开胃菜，还会配上烤好的面包片，而且面包片上面放少量的橄榄油和大蒜末。正餐第二道菜通常是汤类菜品，如意大利面条汤。第三道主菜以肉类为主要原料，如茄汁猪排、酥炸海鲜等。第四道菜通常以蔬菜类为主要原料。第五道菜大多是水果或奶制品。

（四）著名的意大利代表菜

1.威尼斯墨鱼酱意面

简介：先将意面放到加有盐的沸水中煮熟，取出沥干水分备用。在沙司锅中加入橄榄油炒制墨鱼圈，烹入少量的酒，加入番茄汁、鸡汤、墨鱼汁、辣椒煮至浓稠，调入盐、胡椒粉，即制成黑酱，煮好的意面加入黑酱拌均匀，装入盘中，再撒上番茜末，即制成墨鱼酱意面（见图3-4-7）。

特点：味道鲜美，色泽诱人，香味扑鼻。

图3-4-7

2.奶酪焗通心粉

简介：将通心粉放入开水中煮至八成熟，取出沥干水分，把黄油、奶油和鲜奶调制成的白沙司，与煮好的通心粉搅拌均匀，再盛入盘中，撒上奶酪粉，抹上黄油后放入烤炉焗成黄色，即制成奶酪焗通心粉（见图3-4-8）。

特点：色泽金黄，香味浓郁。

图3-4-8

3. 比萨

简介：先将面团用保鲜膜封住（不要封得太死），醒发20分钟，面团醒发后揉搓，把面团里面的空气排出。再把面团擀成九寸大小圆形，在面皮表面扎一些小孔，放入烤箱烤至两面硬一些，抹上比萨酱，撒上一层芝士，然后放上馅料，最后撒上一层芝士，放入烤箱烤至芝士呈金黄色，即制成比萨（见图3-4-9）。

特点：皮面松软，馅料香甜可口，味厚浓郁，成菜美观。

图3-4-9

第五节　其他国家菜

※学习目标※

1. 掌握日本菜的特点。
2. 了解日本菜的代表菜。
3. 掌握印度菜的特点。
4. 掌握德国菜的特点。

一、日本菜

（一）日本菜的特点

日本菜风味鲜美清淡，保持食材的本味，对甜味情有独钟，往往不用香油制作。主料以海鲜为主，其次为牛肉和禽蛋类；猪肉在烹调中比较少用。日本菜在原料加工方面非常讲究，也很注重配色和装饰，以及餐具搭配使用。在配料和作料中常使用海藻类的海带和紫菜，海带除了可以作主料外，还可以作配料，如常煮作上汤使用，而紫菜大都是用于寿司、拌菜、配菜和面饭类等。蔬菜加工中的蒟蒻粉丝是由魔芋加工制作而成，也常用作配料。松鱼干日文名为"鲣节"，俗称"木头鱼"，可用于拌菜或者配菜，还可以用来煮汤，是日本菜肴烹饪必不可少的材料之一。

日本菜的风格多种多样，有简单和快速的盖浇饭、煮面、冷面，有经济实惠的"定食"，有以冷餐为主的"便当"，有举行茶道前的"怀古料理"，有素食的"精进料理"，有饭店酒楼风格的"公席料理"，有正式宴饮的"本膳料理"，有受中国影响的"卓袱料理"，有寺院风格的"普茶料理"和地方风格的"四茶料理"等。

（二）著名的日本代表菜

1. 天妇罗

简介：用面糊裹其他原料炸制而成的菜称为天妇罗（见图3-5-1），在便餐、宴会中都是常见的菜。天妇罗的名称据说来源于葡萄牙语，可分为海鲜、蔬菜和禽三类。海鲜制作的天妇罗，原料中以明虾为最高级，还有其他海鲜如墨鱼、鱿鱼、鳗鱼、贝等。用蔬菜制作的天妇罗，主要原料有茄子片、西兰花、香菇、藕片和西红柿等蔬菜。用家禽类制作的天妇罗，主要原料为鸡肉。天妇罗要现做现吃，才能体会到其味道本质。

特点：外脆里嫩，色泽金黄，香味浓郁。

图3-5-1

2. 明虾刺身

简介：在日本，生鱼片称为"刺身"（见图3-5-2），生鱼片选用的原料有金枪鱼、鲷鱼、鲈鱼、虾、贝类等，金枪鱼和鲷鱼在刺身中为最高级。明虾刺身是将新鲜明虾洗干净，剥去头和剔除虾线，放入锅中煮1～2分钟，取出放入冰水浸泡一下，然后去壳，切成片备用，把白萝卜切丝垫底，芥末擦成泥。出菜时，将萝卜丝放在餐具里，其上放明虾，还可以配上其他可食用的装饰品。把所有的原料拼摆整齐，配小碗日本酱油。

特点：必须现做现吃，食材要新鲜，味道鲜甜。

图3-5-2

3. 寿司

简介：寿司的做法很多，有些是用三文鱼片、八爪鱼片、吞拿鱼片等放在用寿司醋调料拌匀的饭团上，还可以配上黄瓜、鱼子酱制成寿司（见图3-5-3）。

特点：米香肉滑，颜色鲜艳，味道鲜美。

图3-5-3

二、印度菜

（一）印度菜的风味特点

印度咖喱味道鲜美而又独特，其香味芬芳浓郁，闻名于世界。咖喱是采用多种香辛料加工研碎混合而成，所以选用不同原料制作，有很多不同的咖喱。例如，在制作时加入酸奶和椰浆后拌均匀即成了湿咖喱。印度的菜肴有很多都用咖喱作调料，如咖喱鸡、咖喱鱼、咖喱饭等。很多印度人因为宗教信仰，不吃牛肉，而吃羊肉、鸡肉。印度人中有多人是素食者，不吃肉类和鱼类，甚至不吃蛋类。印度菜的烹调方法主要是炸、烤和煮。蔬菜会选用茄子、豆类、花菜、蘑菇等，调料多用咖喱、杧果酱、红辣椒、洋葱和其他香辛料。

（二）著名的印度代表菜

1. 咖喱鸡

简介：咖喱鸡（见图3-5-4）是将光鸡斩件，腌制入味，放到油锅中煎至金黄色，再放到锅内烩制，加入咖喱酱或咖喱粉搅拌均匀，最后加入苹果片即可。

特点：咖喱辛辣，味道浓香。

图3-5-4

2. 印度式羊肉

简介：印度式羊肉（见图3-5-5）是将羊肉切成片腌制，在油锅里煎上色后再和香料一起放入锅内烩制，最后加入咖喱烩焖而成。

特点：色泽金黄，香味浓郁，口感嫩滑。

图3-5-5

三、德国菜

（一）德国菜的风味特点

德国人非常热爱体育运动，所以食量也比较大，大都以肉食为主。德国的菜肴以丰盛实惠、朴实无华著称。烹饪原料上使用最多的是猪肉，口味多样，味美而浓厚，菜肴分量足，其中土豆和酸菜是最常见的配菜。德国的肉制品种类繁多，仅香肠一类在市场上就有上百种，著名的法兰克福香肠闻名世界。德国菜肴的口味是以酸、咸为主，但浓而不腻。在很早以前德国人有吃生牛肉的习惯，如著名的鞑靼牛扒，就是把嫩牛肉剁碎，用生洋葱末、酸黄瓜末和生鸡蛋黄拌均匀食用。德国盛产啤酒，啤酒的人均消费量位居世界前列，而且还会用啤酒作为烹饪的调味料，这是德国菜肴的一大亮点。

知识链接

德国位于欧洲中部，是东西欧之间和斯堪的纳维亚与地中海之间的交通枢纽。德国人口约8293万，主要为德意志人。德国工业和农业发达，农业机械化程度很高，盛产麦类、马铃薯和甜菜等农产品。

（二）著名的德国代表菜

1.汉堡牛扒

简介：汉堡牛扒（见图3-5-6）是先将牛扒腌制，再煎至八成熟，汉堡在横截面抹上黄油煎上色，然后抹上蛋黄酱，放上生菜、番茄、鸡蛋（煎好的太阳蛋）、牛扒和芝士片即可。

特点：风味浓郁，肉香味浓，嫩滑爽口。

图3-5-6

2.德国蔬菜沙拉

简介：德国蔬菜沙拉（见图3-5-7）是将白酒醋、酸奶油、盐、胡椒粉、白糖和香葱末搅拌均匀调制成优格酱，胡萝卜切成细丝加入辣根用优格酱拌均匀；把黄瓜斜刀切，用盐腌制，再用清水浸泡，沥干水分加入醋、白糖、莳萝和白胡椒粉拌均匀；把胡萝卜、黄瓜、西芹和生菜加入优格酱搅拌均匀后装盘，最后放上一颗圣女果即可。

特点：新鲜爽脆，香味浓郁，口感丰富。

图3-5-7

3.德式牛肉卷

简介：把洋葱、西芹、胡萝卜、酸黄瓜切成细条，将牛肉切成薄片，再拍打成长方形的片；将蔬菜类原料调味炒香，放到牛肉片上卷成牛肉卷，用牙签穿好，装盘后可以用土豆泥点缀，即制成德式牛肉卷（见图3-5-8）。

特点：肉质软糯、整齐美观、色泽棕黄。

图3-5-8

4.德式土豆沙拉

简介：将土豆蒸熟切块，把洋葱和培根切末炒香后加入牛基础汤略煮，加入盐、胡椒粉和少许德国黑醋煮至浓稠，加入土豆块拌均匀；盘内铺上生菜，再放入拌好的沙拉，最后撒上葱末装饰即制成德式土豆沙拉（见图3-5-9）。

特点：酸香不腻，软而不烂，口感有层次感。

图3-5-9

课后练习

一、名词解释

1. 西餐
2. 法国菜
3. 英国菜
4. 美国菜
5. 意大利菜

二、填空题

1. 西餐汤的种类丰富多样，有 _____ 和 _____ 。
2. 西餐的汤按使用原料和制作工艺不同可分为 _____ 、 _____ 、 _____ 、 _____ 和 _____ 等。
3. 一般厨师把水产类原料与 _____ 、 _____ 、 _____ 等组合在一起统称为小盆菜。
4. 在食材的挑选和运用上具有三个特点： _____ 、 _____ 和 _____ 。
5. 法国人早餐用餐时间大概在早上 _____ 点到 _____ 点。

三、判断题

1. 英国菜选料受当地自然环境的影响，英国面向大陆。（　　）
2. 英国人很爱吃海鲜，但对于牛肉、羊肉、禽类等都不喜爱。（　　）
3. 英国下午茶通常是由红茶、蛋糕、面包和饼干组成。（　　）
4. 意大利菜被称为"欧洲烹饪的鼻祖"，是西餐重要代表流派之一。（　　）

四、简答题

1. 西餐主要特点是什么？
2. 俄罗斯菜的特点有哪些？
3. 德国菜的特点有哪些？

第四章

中式面点

第一节 中式面点概述

※学习目标※

1. 了解中式面点的概念。
2. 了解中式面点的发展历史。
3. 掌握中式面点制作技术的特点。
4. 掌握中式面点主要风味流派特色。

一、中式面点的概念

从"面点"二字的字意来看,一般认为是利用粉状的粮食(主要是面粉、米粉等)为原料制成的食品。在南方习惯称之为"点心",而在北方则习惯称之为"面食",泛指用各种粮食(米、麦、豆、杂粮)、果品、鱼虾以及根茎菜类制成坯料,配以油、糖、果品、鱼、虾、肉、蔬菜等制成多种口味的馅料(或不配馅料),加工制作而成的具有一定色、香、味、形的各类食品,是各种面食、小吃和点心的总称。

二、中式面点的发展历史

(一)中式面点的起源(春秋战国时期)

人类在原始社会初期,主要以浆果块茎、嫩叶幼芽和捕捉到的飞禽走兽、蚌蛤鱼虫为食,活剥生吞,饮其血、茹其毛,使用一些打制石器,过着简朴的原始生活。

自从学会人工取火,将生食变为熟食以后,人类就开始发展烹饪技术。由于野生兽畜繁衍周期长,原始狩猎工具落后,人类要想生存下去,必须在食源开发上另辟蹊径。于是,原始农业应运而生。《白虎通义》中言:"于是神农因天之时,分地之利,制耒耜,教民农作。神而化之,使民宜之,故谓之神农也。"农业为人们提供了较为稳定的食物来源,谷物逐渐成为原始部落的主要食物。

谷物的种植,为我国面点制作提供了物质条件。春秋战国时期,随着生产力的发展,谷物品种增多,种植面积扩大,人们对食物的要求也不断提高,出现了较多的面点品种。这一时期还出现了一些加工谷物的工具,如杵臼、石磨、碓等。早期的陶质炊器也相继问世,出现了鼎、鬲、甑等炊具。由于物质条件日趋成熟,先秦时期,我国面点制作已有了一定的雏形,出现了类似糕、饼之类的面点制品,如《周礼·天官》中记载的"糗""糁食"等。

(二)中式面点的发展(宋元时期)

从隋唐到宋元时期,我国面点进入全面发展阶段,面点制作技术迅速提高,新品种大量涌现。这一时期,我国南北政治统一,大运河贯通,促进了南北经济、文化的交融。在此背景下烹饪原料增多,饮食行业日益兴隆,有关面点方面的著作也比前代增多。这些发展和进步,表明了我国面点技艺在隋唐、宋元时,已达到了一个新的水平。

根据记载，唐代开始出现"点心"之名。宋代吴曾《能改斋漫录》中说："世俗例，以早晨小吃为点心，自唐时已有此说。"食用点心已成为"世俗例"，可见当时点心制作的普遍性。宋元时期，从早点到夜宵都有点心作为饮食市场的重要品种，供应食者。制作技艺具体表现为：面团调制种类齐全，馅心品种丰富多彩，成形方法富于变化，熟制方法多种多样，面点质量、特色分明。

（三）中式面点的兴盛（明清时期）

明清时期，我国面点制作已达到相当高的水平，不但新品种不断涌现，而且在旧式面点基础上不断创新、创造，制作出了更精细、更美观、更可口的品种。在这一时期，中式面点的重要品种大体已经出现，各风味流派的面点已基本形成，面点在饮食中的地位更加突出，面点的相关著作也愈加丰富。随着中外文化交流的日趋频繁，西式面点开始传入中国，中式面点也大量传到国外。

新中国成立后，在党和政府的关怀下，各地面点师在继承传统技艺的基础上，对面点制作技术不断进行总结、交流与创新。

从20世纪50年代起，我国设立了烹饪、面点专业，编写了面点教材，经过几十年的发展，培养出了众多的各个层次的面点人才。各地区、各个部门之间组织了各种类型的交流，相互取长补短，共同提高，长期形成的南、北方不同的饮食习惯相互融合，南式点心的北传，北方面食的南移，使南北面点品种大大丰富，出现了大批中西风味结合、南北风味结合、古今风味结合的品种和许多胜似工艺品的精细高级点心新品种。

随着科学技术的发展，烹饪能源由原来使用的柴、煤、油逐步转为煤气、电、太阳能、微波等；新的生产设备也有了飞跃，过去完全由手工操作的制作方式正在被机械化、自动化生产方式所取代，这些都使中式面点技艺的发展如虎添翼。

三、中式面点制作技术的特点

中式面点历经几千年沧桑，历代厨师、点心师充分发挥了自己的创造力，不断实践、不断总结，逐步形成了鲜明的特点。

（一）用料广泛

中华民族的饮食文化、食源结构奠定了中式面点制作中选材的广泛性。我国地大物博、物产丰富，地方风味突出，可用于制作面点的原料包括五大类：

（1）植物性原料（粮食、蔬菜、果品等）；

（2）动物性原料（鸡、猪、牛、羊、鱼虾，蛋奶等）；

（3）微生物原料（酵母菌等）；

（4）矿物性原料（盐、碱、矾等）；

（5）人工合成原料（膨松剂、香料、色素等）。

由于我国幅员辽阔，各地区的土壤及农艺条件不同，所以同一品种的原料因产地、季节不同而有很大差异。特别是中式面点能根据制品要求，注意合理的选用原料，达到扬长避短、物尽其用的效果。

（二）技法精湛

中式面点长期以来是以手工制作为主，经过了漫长的发展历程，特别是面点厨师继承和不断创造，出现了众多技法和绝活，形成了一系列有别于其他国家的技法，其制作过程、技法十分讲究。

（1）制作流程较为复杂，一般都要经过选料、配料、调制坯料、搓条、下剂、制皮、上馅（有的需上馅，有的不需要）、成形、成熟等过程。

（2）技法多样，不论是调制面坯，还是擀皮等过程，都有相应的技法要求。

（3）手法多变，常用的成形技法就有搓、切、包、卷、擀、捏、叠、摊、押、削、拨、滚沾、挤注、模具、按、剪、镶嵌、钳花等。每一种技法又可细分成多种手法，如捏的成形技法，可分为挤捏、推捏、绞捏、叠捏、塑捏等。

（三）口味多样

口味是中式面点食品的"魂"，历代厨师不断传承、总结、创新，形成了许多深受我国广大人民群众喜爱的品种。

（1）利用坯皮的原料、配伍、调制的不同，使面点口味不同。形成了疏、松、爽、滑、软、糯、酥、脆等不同质感的坯皮，奠定了面点的口味基础。

（2）馅心是面点制作过程中的重要内容之一。我国馅心用料广泛，选料讲究，无论荤馅、素馅，甜馅、咸馅，生馅、熟馅，所用主料、配料、调料都精心选择最适宜的品种、部位，做到品质优化、物尽其用，形成了鲜嫩、滑嫩、爽脆、香甜可口、果香浓郁、咸甜适宜等不同特色的馅心，配上适当的面皮，相得益彰，形成了面点的口味。

（3）利用加热成熟的方法，丰富面点口味。面点加热成熟方法，常用的有蒸、煎、煮、炸、烘、烙、贴等；馅心的烹调方法，有拌馅、炒、煮、蒸、焖等，而且各地在制作中交叉应用，最终形成了各面点的特点和口味。

（四）讲究造型

我国面点的造型技法复杂，种类繁多，形态丰富多彩。总体来看，面点的外形特征有几何形、象形、自然形等。

（1）便于经营，区分品种、口味。已经形成不同的品种、不同口味具有不同的造型。如豆沙包、鲜肉包等形态各异，一脉相承。即使同一品种，不同地区、不同风味流派也会有不同造型。如鲜肉大包全国大多数地区的造型为提褶包，而湖南的造型为四眼包等。

（2）形态的选用能为面点增添情趣、意境，如绿茵白玉兔、像生梨等。

（3）便于成熟，形成制品的风味。如造型的选择要从坯皮、馅心、风味、成形、成熟多方面因素考虑，才能达到色、香、味、形、质俱佳的境界，充分体现了厨师对面坯、馅心、成形、成熟等技法掌握的水平。

（五）应时迭出

中式面点除正常供应不同层次、丰富多彩的早餐、茶点、主食点心、夜宵点心、宴席点心外，还根据不同季节特点、时令物产、节庆习俗等条件推出多种点心，应时更换品种。如元宵节的元宵、清明节的青团、端午节的粽子、中秋节的月饼、重阳节的重阳糕等。一年四季，面点的选料、制作、吃法各有不同。

（六）注重养生保健

中式面点除了以色、香、味、形著称以外，还有一个显著的特点是注重食补、注重养生保健的功能。该特点最具有特色，也是中式面点与外国面点的主要区别之一。这一特点与现代科学倡导的"合理膳食"可谓异曲同工。

四、中式面点主要风味流派及特色

我国面点制作技术经过长期的发展，经过历代面点师的不断总结、实践和广泛交流，创造出许多口味鲜美、工艺精湛、色形俱佳的面点制品，在国内外享有很高的声誉。我国幅员辽阔、资源丰富，受各地气候、地理环境、物产、民族习惯、人文特点等诸多方面因素的影响，面点制品不仅繁多，而且各自具有浓郁的特色。我国面点制作的风味，可大致分为"南味"与"北味"；按选料、口味、制作工艺又可具体分为京式、广式、川式、苏式四大流派。

（一）京式面点的特色

京式面点分布在黄河以北的大部分地区，以北京为代表。这一区域特别擅长制作面食品，馅心多为"水打馅"，风味鲜咸而香。

1.用料丰富

京式面点的主料有麦、米、豆、黍、粟、蛋、奶、果、蔬、薯等。如经常使用的豆类有黄豆、绿豆、赤豆、芸豆、豌豆等。加上配料、调料，原料有上百种之多。由于北方盛产小麦，所以用料以麦面居于首位。

2.品种众多

京式面点品种很多，如有被称为我国"四大面食"的抻面、刀削面、小刀面、拨鱼面，又有品种繁杂的北京小吃。每一种面点中，又可以分出若干品种，如京八件。

知识衔接

京八件

京八件是北京传统糕点，因每套中有八种馅料而得名。现在常见的京八件八种馅料为玫瑰豆沙、桂花山楂、奶油栗蓉、椒盐芝麻、核桃枣泥、红莲五仁、枸杞豆蓉、杏仁香蓉，采用酥皮和混糖皮两种皮料（见图4-1-1）。传统的京八件只是泛称，里边有大八件、小八件之分。大八件为翻毛饼、大卷酥、大油糕、蝴蝶卷子、福儿酥、鸡油饼、状元饼、七星典子。小八件比大八件小一号，为果馅饼、小卷酥、小桃酥、小鸡油饼、小螺丝酥、咸典子、枣花、坑面子。

图4-1-1

3.制作精致

京式面点制作精细，主要表现在用料讲究，善制面团，浇头、馅心精美，成形、成熟方法多样化。如硬面饽饽"硬黄如纸脆还轻"；抻面抻得细如线，然后再做成"一窝丝清油饼"；茯苓饼也可以摊得薄如纸，煎饼更是薄如蝉翼；银丝卷历经七道工序，达到暄腾软和、色白味香的程度。这些都表明面点制作确有独到之处。

4.风味多样

京式面点中既有汉族风味,又有蒙古族、回族、满族风味,且民族风味相互交融,形成新的风味。

京式面点的典型品种有沙琪玛、猫耳朵、北京都一处的烧卖、天津的狗不理包子、清宫仿膳的肉末烧饼、艾窝窝等,都各具特色。

(二)苏式面点的特色

在长江下游江、浙一带制作的面点,以江苏为代表,故称苏式面点。其馅料多用果仁、猪板油丁,用桂花、玫瑰调香,口味重甜。

1.品种繁多

苏式面点就风味而言,包括苏扬风味、淮扬风味、京沪风味、浙江风味等,以扬州面点为例,其品种相当丰富,《随园食单》《扬州画舫录》《邗江三百吟》等著作中都有记载,后人总结有《淮扬风味面点500种》,其他风味的面点品种也很多。

2.制作精美

在苏式点心中,有一种特殊的面点——"船点",相传发源于苏州、无锡水乡的游船画舫上。其品种可分为米粉点心和面粉点心,均制作精巧。粉点常捏制成花卉、动物、水果、蔬菜等造型,形态逼真。面点多制成小烧卖、小春卷及一些小酥点,一样小巧玲珑。

3.季节性强

苏式面点比较注重季节性,如扬州面点春季供应"应时春饼";夏季供应清凉的"茯苓糕""冷淘";秋季供应"蟹肉面""蟹黄包子"等。而《吴中食谱》记载"汤包与京酵为冬令食品,春日烫面饺,夏日为烧卖"。浙江等地的面点中,春天有春卷,清明有艾饺;夏天有西湖藕粥、冰糖莲子羹、八宝绿豆汤;秋天有蟹肉包子、桂花藕粉、重阳糕;冬天有酥羊面等。面点品种四季分明、应时迭出。

苏式面点主要代表品种有驰名全国的翡翠烧卖、淮安文楼汤包、扬州富春茶庄的三丁包子、千层油糕、船点等。

(三)广式面点的特色

在珠江流域及南部沿海地区制作的面点,以广东为代表,故称广式(或粤式)风味面点。广式面点使用的坯料选材广泛,一般皮质较软、爽、薄,使用化学膨松剂较多。坯皮中使用糖、蛋、油较重。

1.品种丰富。

广东面点制作颇具特色,且品种丰富。按大类可以分为长期点心、星期点心、节日点心、旅行点心、早晨点心、中西点心、招牌点心、四季点心、席上点心、"原桌点心餐"等,各大类中又包括绚丽缤纷、款式繁多、不可胜数的面点。其中,米及米粉制品尤其突出,品种除糕、粽外,还有煎堆、米花、沙翁、白饼、粉果、炒米粉等外地少见品种。

2.馅心多样。

广式面点馅心选料之广,得益于广东富饶的物产。清代《广东新语》中说:"天下所有之食货,粤东几尽有之;粤东所有之食货,天下未必尽有之。"馅心料包括肉类、海鲜、水产、杂粮、蔬菜、水果、干果以及果实、果仁等,制馅方法也别具一格。

3.制法特别。

在广式面点中使用皮料的范围广泛,有几十种之多,一般皮质较软、爽、薄,还有一些面点的外皮制作比较特殊。如娥姐粉果的外皮，"以白米浸至半月，入白粳饭其中，乃舂为粉，以猪脂润之，鲜明而薄以为外……"馄饨的制皮也非常讲究，有以全蛋液和面制成的，极富弹性。

4.季节分明。

点心的品种依据一年春、夏、秋、冬不同季节而变化。要求是：夏秋宜清淡，春季浓淡相宜，冬季宜浓郁。这使广式面点品种增多，形态、花色突出。例如，春季供应人们喜爱的浓淡相宜的礼云子粉果、银芽煎薄饼、玫瑰云霄果等；夏季应市的是生磨马蹄糕、陈皮鸭水饭、西瓜汁凉糕等；秋季是蟹黄灌汤饺、荔浦秋芽角等；冬季则主供滋补御寒食品，如腊肠糯米鸡、八宝甜糯饭等。

广式面点代表性的品种有虾饺、干蒸烧卖、娥姐粉果、马蹄糕、叉烧包、糯米鸡、蜂巢香芋角、鸡仔饼、家乡咸水角、白糖伦教糕等。

知识衔接

虾饺

虾饺是广东地区著名的传统小吃，属粤菜系。虾饺始创于20世纪初广州市郊伍村五凤乡的一间家庭式小茶楼，至今已经有百年历史。传统的虾饺是半月形、蜘蛛肚，共有十二褶，馅料有虾、有肉、有笋，味道鲜美爽滑，美味可口（见图4-1-2）。伍村五凤乡盛产鱼虾，茶居师傅再配上猪肉、竹笋，制成肉馅。当时虾饺的外皮选用粘（大）米粉，皮质较厚，但由于鲜虾味美，很快流传开来。城内的茶居将虾饺引进，经过改良，以一层澄面皮包着一至两只虾为主馅，分量大小多以一口为限。

图4-1-2

（四）川式面点的特色

川式面点是指在长江中上游，川、滇、贵等地制作的面食和小吃，以四川为代表，故称川式面点。

川式面点用料广泛、精工细作、口感丰富。

川式面点代表性的品种有龙抄手、钟水饺、担担面、珍珠圆子、鸡汁锅贴、赖汤圆、凉面等。

第二节 中式面点介绍

❋学习目标❋
1. 掌握中式面点的分类。
2. 熟悉常见中式面点。

一、中式面点的分类

（一）中式面点分类的方法

我国面点种类繁多，但面点分类的方法，目前尚难以统一，国内现行的很多面点教材，均介绍多种分类方法，但不管采取哪一种分类方法，都应该满足以下条件：能体现分类的目的与要求；能表现出面点品种之间的差异；具有一定的概括性。

（二）常见的中式面点分类

我国面点品种丰富，花色多样，分类方法较多，主要的分类方法有以下几种。

1.按面点原料分类

这种分类方法的依据是制作面点的主要原料，一般可将面点分为面粉类制品、米及米粉类制品、杂粮类制品及其他类制品。

2.按所用馅料分类

按照这一分类方法，面点可以分为有馅制品与无馅制品，其中有馅制品又可分为荤馅、素馅、荤素馅三大类，每一类还可分为生拌馅、熟制馅等。

3.按制品形态分类

按面点制品的基本形态可将其分为糕类、团类、饼类、饺类、条类、粉类、包类、卷类、饭类、粥类、冻类、羹类等。

4.按制品的熟制方法分类

按这种方法分类，可将其分为煮制品、蒸制品、炸制品、烤制品、煎制品、烙制品以及复合熟制品。

5.按制品的口味分类

按面点制品的口味可将其分为本味、甜味、咸味、复合味等。

二、常见中式面点

（一）京式面点

我国北方以面食为主，面条、馒头、烙饼、饺子等是常吃的主食。北方的面食，大多作主食，也可作点心，特别是常作为早餐。

1.银丝卷

银丝卷是北京风味食品（见图4-2-1），现在各地饭店都有制作。制作银丝卷，需要经过和面、发酵、揉面、溜条、抻面、包卷、蒸熟7道工序。其中的抻面，已成为厨师显示精湛技艺的重要工序之一，常在餐厅当众献技。将抻面切成小段，用面包卷起蒸熟即成。其特点是色白软和，味香可口。

图4-2-1

2.饺子

饺子是我国颇负盛名的传统面点（见图4-2-2），特别是在北方，食者较多。饺子的种类很多，一般可分为荤、素两大类。素馅有青素和花素之分；荤馅可分为肉类、禽蛋类、海鲜类等；也有混合的，如三鲜馅。三鲜馅因时令要求不同而变化，有海参、鸡、大虾三样组成三鲜馅的，也有海米、猪肉、鸡三样组成三鲜馅的。最常见的饺子是大白菜加肉或韭菜加肉做馅。饺子按制作方法又可分为水饺、蒸饺、煎饺、炸饺等。

图4-2-2

3.天津狗不理包子

狗不理包子是天津的一道闻名中外的传统小吃，该小吃是用面粉、猪肉等材料制作而成，始创于公元1858年（清朝咸丰年间），至今已有100多年历史。该小吃为"天津三绝"之首，是中华老字号之一。狗不理包子的面、馅选料精细，制作工艺严格，外形美观，特别是包子褶花匀称，每个包子都不少于15个褶（见图4-2-3）。刚出笼的包子，味道鲜而不腻，清香适口。狗不理包子以鲜肉包为主，兼有三鲜包、海鲜包、酱肉包、素包子等6大类、98个品种。2011年11月，国务院公布了第三批国家级非物质文化遗产名录，"狗不理包子传统手工制作技艺"项目被列入其中，是世界闻名的中华美食之一。

图4-2-3

4.北京萨其马

萨其马是著名京式四季糕点之一,亦曾写作"沙其马""赛利马"等。萨其马具有色泽米黄、口感酥松绵软、香甜可口、桂花蜂蜜香味浓郁的特色。《燕京岁时记》中写道:"萨其马乃满洲饽饽,以冰糖、奶油合白面为之,形如糯米,用不灰木烘炉烤熟,遂成方块,甜腻可食。"萨其马是清代重要的小吃。据《光绪顺天府志》记载:"赛利马为喇嘛点心,今市肆为之,用面杂以果品,和糖及猪油蒸成,味极美。"道光二十八年(1848年)的《马神庙糖饼行行规碑》也写道:"乃旗民僧道所必用。喜筵桌张,凡冠婚丧祭而不可无。"当年北新桥的泰华斋饽饽铺的萨其马奶油味最重,它北邻皇家寺庙雍和宫,那里的喇嘛僧众是泰华斋的重要主顾,常将萨其马作为佛前之供,用量很大。

萨其马以其松软香甜、入口即化的口味特点,赢得人们的喜爱。时至今日,萨其马已经从北方传遍了全国。但萨其马所含热量较高,所以虽然它味美可口,但仍应尽量少吃。

图4-2-4

5.小窝头

小窝头属于杂粮粉团制品,具有形如塔状、色泽金黄、小巧精致、香甜细腻的特点。小窝头是北京地区特色传统名点之一,主要用玉面(有些掺进一些黄豆面)制作而成(见图4-2-5)。

制作时将小米面、籹子面、玉米面、栗子面混合,做成圆锥形,每个底部都有一个圆洞,小巧玲珑,蒸熟后呈金黄色。人们为了使它蒸起来容易熟,底下留有个孔(北京俗语叫窝窝儿),又因为它是和馒头一样的主食,所以北京人称这种食品为小窝头或窝窝头。

图4-2-5

(二)苏式面点

1.三丁包子

三丁包子是扬州著名小吃,以面粉发酵和馅心精细取胜,包子皮吸收了馅心的卤汁,松软鲜美(见图4-2-6)。馅心中肉馅多,味道浓厚,油而不腻,软硬相应,咸中带甜,甜中有脆,咸甜可口,包子造型美观,是淮扬点心的代表。所谓"三丁",即以鸡丁、肉丁、笋丁制成,鸡丁选用隔年母鸡,既肥且嫩;肉丁选用五花肋条,膘头适中;笋丁根据季节选用鲜笋。三丁又称三鲜,三鲜一体,津津有味。

图4-2-6

2. 淮安汤包

做淮安汤包的面粉是烫面,馅用鸡丁、肉糜、虾米末、竹笋末等混合制成(见图4-2-7)。包子皮极薄,蒸熟后似半透明,如果是蟹黄汤包,皮外甚至可以看到里面的蟹黄。此点心以江苏省淮安文楼最为有名,至今已有100多年的历史。清朝道光年间,淮安设有淮安府、漕督和文武考场。因此,京城常派钦差来此地,再加上盐商云集,茶楼生意鼎盛,所以淮安汤包驰名全国,各地竞相仿制。蟹黄汤包,一般在中秋节后,菊花盛开、稻熟蟹肥时,开始应市,至农历十一月,大闸蟹落令时停止。汤包要现吃现做,味道才特别鲜美,经常原笼上席。吃汤包时佐以镇江香醋和姜丝,口味更美,并能驱寒、去腥、解腻。

图4-2-7

3. 翡翠烧卖

翡翠烧卖属于水调面团中的热水面团制品,用各种绿色菜叶为主要馅料调制而成,蒸熟后馅心可透过薄皮看到,成品形似石榴,皮薄透明,色如翡翠,甜润爽口,红绿可爱,因而得名(见图4-2-8)。翡翠烧卖是江苏地方传统名点,由扬州市富春茶社创始人陈步云首创。制馅时将小青菜洗净、焯水,用冷水浸凉,挤干水分,剁成细茸,用干净的布压干水分,在菜茸中放入少许精盐拌透,加入白糖擦化,最后加入熟猪油、麻油拌匀。制作成形时要用橄榄杖擀制,将面团搓条下剂逐只压扁,圆剂上撒上干粉,橄榄杖放于圆剂上,两手的拇指按住两头,先将面剂擀成厚薄均匀的圆皮,再将着力点移近边,将皮子的边缘推压成菊花瓣形的直径约7厘米的烧卖皮。左手托皮,右手上馅,一边上馅一边朝掌心收拢,再放于左手虎口中拢成石榴形,在烧卖坯的开山处点缀上几粒火腿末。此点是"扬州点心双绝"之一,皮薄馅绿,色如翡翠,糖油盈口,甜润清香。

图4-2-8

4.黄桥烧饼

黄桥烧饼的种类很多，有火腿、葱油、虾仁等馅，色嫩黄，酥层多，一触即落，酥松可口（见图4-2-9）。制作成形时将发起的酵面摘成15只面剂，干油酥也摘成15只面剂，取1只烫酵面面剂包上1只干油酥面剂，擀成长方形面皮，抹上色拉油，顺长对叠，再擀成长条形面皮，由前向后卷起，用手掌从侧面压扁，包上馅心，擀成椭圆形坯子（两头略高）其余同法，最后涂上蛋液，撒上芝麻，放入烤盘烤制。黄桥烧饼具有色泽金黄，饼形饱满，外酥脆、内松软，馅鲜味香，酥脆干香的特点，深受人民群众的喜爱，常作为早点、小吃。

图4-2-9

5.千层油糕

千层油糕是江苏省扬州市著名传统小吃，绵软甜嫩，层次清晰。千层油糕呈菱形块，芙蓉色，半透明，糕分64层，层层糖油相间，糕面布以红绿丝，观之清新悦目，食之绵软嫩甜（见图4-2-10）。

图4-2-10

据传千层油糕由福建人高乃超创于清光绪年间，至今已有一百多年的历史。厨师在长期操作实践中，吸取了"千层馒头"的"其白如雪，揭之千层"的传统技艺，创制出绵软甜润的千层油糕，成为扬州传统名点之一，与翡翠烧卖并称为"扬州点心双绝"。

6.蟹黄汤包

蟹黄汤包（见图4-2-11）是江苏省的一道传统小吃，属于苏式面点。蟹黄汤包的制作原料十分讲究，馅为蟹黄和蟹肉，汤为原味鸡汤。主要材料有活大闸蟹、母鸡、猪肉皮、高筋面粉等。蟹黄汤包在明清时期已经享有盛誉。其特色是皮薄如纸，吹弹即破，制作"绝"、形态"美"、吃法"奇"。最出名的当属南京龙袍蟹黄汤包、靖江蟹黄汤包、泰兴曲霞蟹黄汤包、镇江宴春蟹黄汤包、淮安文楼蟹黄汤包。南京常年举办龙袍蟹黄汤包美食文化节。

图4-2-11

（三）广式点心

1.广式月饼

广式月饼的主要特色是：选料上乘，精工细作，饼面上的图案花纹玲珑浮凸，式样新颖，皮薄馅多，外表光泽油亮，色泽金黄，口味有咸有甜，百食不厌（见图4-2-12）。

从月饼饼皮上划分，广式月饼并可分为糖浆皮月饼、酥皮月饼和冰皮月饼三大类。其中糖浆皮月饼历史悠久，广为传播。酥皮月饼和冰皮月饼只有数十年历史。从月饼重量上划分，可分为加头月饼、足斤月饼和迷你月饼三类，加头月饼是指四个月饼重750克的月饼；足斤月饼是指四个月饼重500克的月饼；迷你月饼是指八个月饼重500克的月饼。另外，从馅料上划分，有蓉沙类、果仁类、水果类、烧肉类、蔬菜类、海味等很多品种。

图4-2-12

2.伦教糕

伦教糕属于米粉面团中的发酵制品，具有晶莹洁白、清甜爽口、爽滑软韧的特点（见图4-2-13）。伦教糕是一种由籼米粉、西谷米等原料制成的糕点，起源于广东省佛山市顺德区伦教镇，是岭南地区的一种传统糕点小吃。

伦教糕是由籼米粉用酵母发酵，使淀粉质转变为淀粉和糊精的混合体，再蒸制成形，其透明度较高，软韧性则近似用糯米制作的面点。成品糕体晶莹雪白，表层油润光洁；内层小眼横竖相连，均匀有序，质嫩软而润滑，味甜洌而清香。此糕点因首创于顺德区的伦教镇而得名，已有数百年的历史。清咸丰年间成书的《顺德县志》载："伦教糕，前明士大夫每不远百里，泊舟就之。其实，当时驰名者止一家，在华丰圩桥旁，河底有石，沁出清泉，其家适设石上，取以洗糖，澄清去浊，非他人所用。"但后人采用在煮糖时加鸡蛋清去浊之法一直流传下来，并随着华侨的足迹传至东南亚各地。

图4-2-13

3. 干蒸烧卖

干蒸烧卖是广东省的一道传统地方小吃，属于粤菜系，也是广式早茶中的人气点心之一。干蒸烧卖是用半肥半瘦猪肉、虾仁、云吞皮和鸡蛋为主要原料，以生抽、白糖、盐、鸡粉、胡椒粉、生粉、料酒为配料加工制作而成（见图4-2-14）。在20世纪30年代，干蒸烧卖已风靡广东各地，近20年来，又传遍广西的大中城市，成为岭南茶楼、酒家茶市必备点心之一。

图4-2-14

4. 娥姐粉果

娥姐粉果是广州各大茶楼、酒家的传统茶点之一。它是用饭粉做皮（即大米加冻饭锤碎成粉），用猪肉做馅，捏成树叶形，上笼蒸熟（见图4-2-15）。其特点是色白、皮薄、稍硬，有透明感，馅料隐约可见，食之软滑爽韧，味道香浓。

据说，娥姐粉果创制于20世纪初。娥姐原是珠江水上人家的一位姑娘，由于家境贫寒，一家数口靠她在小艇上卖粉果为生。她做的粉果皮薄肉厚，馅料干湿适中，味美鲜香。后来，娥姐被茶香室的老板看中，聘去专制粉果。她在茶香室门口设案，现制现卖，全城闻名，群众称之为娥姐粉果。由于生意很好，各茶楼、酒家竞相仿制，娥姐粉果逐渐成为当地传统茶点之一。

图4-2-15

5. 鸡仔饼

鸡仔饼是广东省广州市的一种特色小吃，是广东四大名饼之一（见图4-2-16）；其口味甘香酥脆。主要原料为面粉、花生、芝麻、核桃等，始创于清朝咸丰年间，至今已有一百多年的历史。它以甘香松化、甜中带咸的口味著称，富含蛋白质、油脂、矿物质、维生素，对促进人体生长发育、增强体质有较好的效果。

图4-2-16

6. 薄皮鲜虾饺

薄皮鲜虾饺外形小巧玲珑，美观动人，具有皮薄透明、造型优美、馅鲜滋润、滑中夹爽的特点。薄皮鲜虾饺一般捏成弯梳状，褶纹清晰可见，蒸后洁白透明、白里透红，如同羊脂白玉（见图4-2-17），有的还捏成各种动物造型点心，如小白兔、金鱼等，形象逼真，栩栩如生，十分可爱。它吃起来润滑、爽口、鲜美异常，是点心中的佼佼者。

图4-2-17

7. 笑口枣

笑口枣为圆球形，实心，外粘芝麻，表面有一裂口，有大小两种，大的每公斤24只，小的如桂圆大小。成品呈鸡肾形，色泽金黄，心呈淡黄色，裂开明显（见图4-2-18），口感香甜暄酥，十分可口。笑口枣是广州小吃中的油炸小吃品种，因其经油炸后上端裂开而得名。笑口枣制作要点：①糖水可加热溶化，但必须冷却后使用；②面团不可反复揉制，避免起筋；③炸制时，生坯入油锅温度不能太低，否则开花不均匀；④炸制时,不可放太多,要保证制品受热均匀;⑤严格控制火候,中途火旺可拉离火源降温。广州一般吃早茶的地方,都有笑口枣售卖,同时笑口枣也是广州人春节必备年货之一。

图4-2-18

8.糯米糍

糯米糍,又叫状元糍。相传南宋庆元二年(1196年),福建泰宁人邹应龙赴京应试,村里家家户户都送糍粑供他路上吃,并预祝他金榜题名。路上,邹应龙渴了就喝几口清泉,饿了就啃几口糍粑。经过长途跋涉到了京都,由于才华出众,殿试对答如流,宁宗皇帝御笔钦点他为状元。当他把从家乡带来的糍粑呈献给皇上品尝时,连皇上也赞不绝口,赐名"状元糍"。

糯米糍的制作原料选用当地质地纯正、色泽透明的糯米,在水里浸泡三四个小时,用旺火蒸熟,倒入石臼里,两人用木制的杵头,一上一下轮番舂打,将糯米饭打成糊团,然后置于事先准备好的簸箕里,周围等待捏糍粑的人,双手蘸些油料,将糍粑分成三四个小糍团,再把小糍团搓成蘑菇状,从拇指与食指缝间挤出乒乓球大小的糍团,甩到盛放黄豆粉、花生粉、芝麻、食糖等调料的盆子里,不断滚动,当洁白的糍团沾满了粉料后,就变成淡黄色,软韧适中,香甜可口。如果没有马上食用,则不用沾上粉料,而是整齐地摆放开来,慢慢风干。风干的小糍粑,吃法更是多种多样,除了待客食用外,也是馈赠亲友的好礼品(见图4-2-19)。

图4-2-19

9.煎堆

煎堆是广东地区一种古老的小吃。明末清初的《广东新语》载:"广州之俗,岁终,以烈火爆开糯谷,名曰爆谷,为煎堆心馅。煎堆者,以糯粉为大小圆,入油煎之,以祀先祖及馈亲友者也。"煎堆在广东,犹如北方人过年的饺子,家家都要吃,故有"年晚煎堆,人有我有"之谚,这一习俗流传至今。煎堆具有形圆硬脆、食之香糯甜美的特色(见图4-2-20)。

图4-2-20

10.咸水角

咸水角是广东、香港和澳门地区常见的传统名点。咸水角内里馅料一般有猪肉、马蹄、湿冬菇、韭黄、虾米等,加精盐、味精、生抽、白糖、生粉、五香粉、麻油等进行调味。制皮是将滚水冲入澄面中搅匀,糯米粉置盘中,加入糖、猪油、冻水搓匀,再与澄面混合。分出多份粉团,每份放入馅料包好,放入滚油中炸至浅金黄色便成,口感脆而不韧(见图4-2-21)。

图4-2-21

11.老婆饼

老婆饼是以糖冬瓜、小麦粉、糕粉、饴糖、芝麻等食材为主要原料制成的一种广东潮州地区的特色传统名点,是广东潮式月饼中用料最少、做工最简且最为人们所熟知的饼类(见图4-2-22)。老婆饼的外皮烤成诱人的金黄色,里面一层层的油酥薄如绵纸,酥松得不得了,一咬下去碎屑便掉了满地,每一口都尝得到蜜糖般的香甜滋味!

相传,元朝末年,统治者不断向人民征收各种名目繁杂的赋税,人民被压迫掠夺得苦不堪言,全国各地的起义络绎不绝,其中最具代表性的一支队伍是朱元璋率领的起义军,朱元璋的妻子马氏是个非常聪明的人,在起义初期,因为战火纷纷,粮食常常不够用,军队还要东跑西走地打仗,为了方便军士携带干粮,马氏想出用小麦、冬瓜等可以吃的东西混合在一起,磨成粉,做成饼,分发给军士,这样不但方便携带,而且可以随时随地吃,对行军打仗起到了极大的帮助。由于这样做出来的饼比较难吃,于是人们就在这种饼的基础上更新方法,用糖冬瓜、小麦粉、糕粉、饴糖、芝麻等原料做馅,做出来的饼非常好吃,甘香可口,这就是老婆饼的起源。

图4-2-22

（四）川式面点

1.赖汤圆

四川赖汤圆是有名的民间小吃。相传清末成都一个沿街挑担叫卖的摊贩赖鑫最开始经营售卖汤圆。后来，有个叫赖元兴的资阳人，因家贫生活无着落，随乡人来成都学卖汤圆，其汤圆乖巧玲珑、味美香甜，品种很多，有麻蓉汤圆、玫瑰汤圆、桂花汤圆等。赖汤圆的特点是香甜白嫩，不腻口，不粘牙（见图4-2-23）。赖汤圆迄今已有百年历史，一直保持了老字号名优小吃的质量。

图4-2-23

2.成都担担面

闻名天下的担担面确有独到的特点，令人吃了以后难以忘怀，已经有上百年的历史。因为早期是由小贩用扁担挑在肩上沿街叫卖，所以叫作担担面。担担面的特色在于它的调味和独特的面臊。四川人习惯把面臊分为三种：汤汁面臊、稀卤面臊和干煸面臊。用面粉擀制成面条，煮熟，舀上炒制的猪肉末即成。其特点，一是少，一碗面多则50克，少则25克，意在品味，不在饱餐；二是精，精在制面用手工。调料除酱油、麦醋、胡椒、辣椒油等香辛调料外，特别需要加少许切细的陈年芽菜，方显出川味本色。每碗担担面中还可放一点豌豆苗尖、菠菜，碧叶清汤，倍觉清爽宜人。担担面有鱼香、口蘑、海味、鸡丝、红油、酸辣等几十种口味。成菜面条细薄，卤汁酥香，咸鲜微辣，香气扑鼻，十分入味（见图4-2-24）。担担面在四川广为流传，常作为筵席点心。

图4-2-24

3.钟水饺

钟水饺原由姓钟的小贩经营，故以其姓命名，也因其调味重用红油，又称红油水饺，是成都著名小吃。在用料上，钟水饺与北方水饺的主要区别是全用猪肉馅，不加其他鲜菜；在口味上，钟水饺带有甜味，上桌时淋上特制的红油，微甜带咸，兼有辛辣味，风味独特。饺子皮薄，馅多鲜嫩，香辣突出，有着浓厚的川味特色，一小碗吃下去，会使人直冒汗，回味无穷（见图4-2-25）。

图4-2-25

课后练习

一、名词解释

1. 中式面点
2. 广式面点
3. 苏式面点
4. 京式面点

二、填空题

1. 面点主要风味流派有 _____、_____、_____、_____。
2. 广式面点的特色是 _____、_____、_____、_____。
3. 千层油糕是 _____ 流派的风味点心。
4. 中式面点制作技术的特点有 _____、_____、_____、_____、_____、_____。
5. 被誉为我国"四大面食"的是 _____、_____、_____、_____。
6. 按面点制作的主要原料来分，面点可分为 _____、_____、_____、_____。
7. 与翡翠烧卖并称为"扬州点心双绝"的是 _____。
8. 川式面点主要品种有 _____、_____、_____。

三、判断题

1. 口味偏甜的是京式面点。（   ）
2. 传统的广式面点以米制品居多。（   ）
3. 船点属于苏式面点。（   ）
4. 广式面点的代表品种是翡翠烧卖。（   ）
5. 翡翠烧卖是苏式面点的代表品种。（   ）

四、简答题

1. 简述中式面点制作技术的特点。
2. 简述中式面点主要风味流派特色。
3. 中式面点主要的分类方法是什么？
4. 简单介绍广式面点中的虾饺。

第五章

西式面点

第一节 西式面点概述

❋学习目标❋
了解西式面点的主要类别。

一、面包概述

世界各国的面包一般均采用小麦为原料，但也有不少国家用燕麦或是小麦加燕麦混合制作。面包的种类繁多，因地区、文化不同而不同。如英国面包大都不添加其他原料，但英国北部地区则喜欢在面包中加牛奶及油脂等，吐司面包也比较普及。美国面包较甜，且喜欢添加牛奶及油脂。现在，面包已传遍世界各地，各国人民根据自己的口味喜好在面包中添加各种香料、作料、馅料等，使面包的口味变得丰富多彩（见图5-1-1）。

图5-1-1

二、蛋糕概述

在所有西点品种中，蛋糕可以说是最受欢迎的一种甜食，它不但具有美观诱人的外表、浓郁芳香的香味、松软可口的质感，更含有丰富的营养成分（见图5-1-2）。蛋糕在假日和庆典时常被作为一种具有代表性的应时食品，是其他点心所无法替代的。蛋糕的品种很多，口味以甜为主，主要的原料有面粉、油脂、乳化剂、糖、蛋、牛奶、巧克力、可可粉、干果蜜饯、椰子粉、香料、膨松剂及各种装饰材料。

相比较而言，制作蛋糕比制作面包容易一些，因为蛋糕不像面包那样需要有适宜的发酵环境，以及面团搅拌、发酵时间控制等方面的技术和经验，不需要烦琐的制作程序。

图5-1-2

三、酥点的概述

酥点是西点中很具特色的一类点心（见图5-1-3），其主要特点是松酥。人们熟悉的苹果派、柠檬派、拿破仑酥饼等均属于酥点。

图5-1-3

四、其他西式面点

（1）啫喱冻。

（2）冰激凌（见图5-1-4）。

图5-1-4

（3）布丁。

（4）舒芙蕾。

（5）派。

（6）沙瑞薄饼。

（7）烩水果。

（8）煎薄饼。

（9）汉堡包。

第二节 西式面点介绍

❋学习目标❋

1. 了解面包的分类及特点。
2. 了解蛋糕的分类及特点。
3. 了解酥点的分类及特点。
4. 了解其他各式小西点。

一、面包的分类

面包的品种很多，按照面包的配方、口味、制作程序等，大致可分为以下几类。

（一）软式面包

凡用吐司烤盘做出的面包，不管其配方如何，都可称为软式面包（见图5-2-1）。此类面包讲究式样漂亮、口感细腻，而且进炉后需要有良好的烘焙弹性，所以吸收的水分要比其他面包多一些。在搅拌时也必须使面筋充分扩展，发酵必须适当，否则无法得到良好的软性组织和形状。

图5-2-1

（二）软式餐包

软式餐包与一般吐司面包和其他硬式面包不同的是，其配方中含有较多的糖和油，甚至有些配方中还有蛋。软式餐包比吐司面包更柔软，且有甜味，因为其配方中的糖和油含量较多，且面粉中的蛋白质比一般吐司面包低。软式餐包十分柔软、可口。

图5-2-2

（三）硬式面包

硬式面包具有吐司面包所不及的浓馥麦香味道，口感稍硬，表皮松脆芳香，而内部组织柔软并具有韧性，故越嚼越香。经常吃硬式面包的人会觉得吐司面包绵软无力、平淡无味。

硬式面包虽然名为硬式，但实际它的表皮并不是硬，而是脆，内部柔软而带有韧劲（见图5-2-3）。

图5-2-3

（四）甜面包

甜面包的配方内不仅糖的用量较多，使面包口味名副其实，而且油脂和蛋等原料用量也较多，所以其品质比用作主食的吐司面包要高出一筹。

甜面包的制作方法都是单独整形。先把面团分割成一定的大小，滚圆整形后再分别包馅，做成不同馅料和花式的甜面包。甜面包在国外多为休息或早餐时的点心。甜面包包括道纳子、丹麦甜面包、花生甜面包、椰子面包、美式甜面包等品种。

（五）其他各类面包

除了以上介绍的几类面包，还有一些面包也很有特色，如马铃薯面包、羊角面包（见图5-2-4）、水果面包、葡萄干面包、辫子面包等。

图5-2-4

二、蛋糕的分类

蛋糕根据其使用的原料、搅拌方法和面糊性质一般可分为三大类，即面糊类、乳沫类和戚风类。

（一）面糊类

面糊类蛋糕使用的主要原料为面粉、糖、鸡蛋、牛奶等。此类蛋糕中含有较多的油脂，用润滑面糊，使之产生柔软组织，并在搅拌过程中使融合的空气膨大。配方中油脂用量如达到面粉量的60%以上，该油脂在搅拌过程中所融合的空气已足够在烤炉中膨胀；但当油脂量低于面粉量的60%时，就需要使用发酵粉或小苏打来帮助蛋糕膨胀。面糊类蛋糕的品种一般有黄蛋糕（见图5-2-5）、白蛋糕、魔鬼蛋糕、布丁蛋糕、重奶油蛋糕、水果蛋糕等。

图5-2-5

（二）乳沫类

乳沫类蛋糕的主要原料是鸡蛋、面粉、糖及少量奶液等。鸡蛋中的蛋白质在面糊搅拌和烘焙过程中可使蛋糕膨大，所以不需要添加发酵粉之类的助发剂。乳沫蛋糕与面糊蛋糕的最大区别是，它不含任何固体油脂，但有时为了降低蛋糕的韧性，在海绵类蛋糕中可添加少量流质的油脂。乳沫类蛋糕根据成分不同又可分为如下两类。

1. 蛋白类

这类蛋糕全部以蛋白作为蛋糕的基本组织及膨大原料。天使蛋糕即属于蛋白类。

2. 海绵类

这类蛋糕是将全蛋或者蛋黄和全蛋混合作为蛋糕的基本组织和膨大的原料。海绵蛋糕即属于此类。

（三）戚风类

戚风蛋糕是面糊类蛋糕和乳沫蛋糕的综合，即两者各用原来的搅拌方法将面糊拌匀或拌发，然后再混合在一起。此类蛋糕最大的特点是组织松软、水分充足，久存而不易干燥，尤其是气味芬芳而口味清淡，不像其他类蛋糕油腻或过甜，最适合夏令季节食用（见图5-2-6）。

戚风蛋糕适合制作鲜奶油蛋糕和冰激凌蛋糕，因前者须存放在5℃的环境中，后者须存放低于-18℃的环境中，一般其他蛋糕在这种温度状况下会变硬，失去原有的新鲜度，但戚风蛋糕因本身含水量较多，而且组织松软，能保持新鲜。水果冻蛋糕、果酱卷、杯子蛋糕、波士顿派等也都属于戚风类蛋糕。

图5-2-6

三、酥点的分类

（一）混酥

所谓混酥，就是把面粉和油脂搅拌后制成面团，其面团只需一次擀薄便于切割成形，进炉烘烤，操作方法比较简单。其产品的特点是面皮胀力较小，体积膨胀有限，但是制品具有很好的酥脆性，且整个酥性面皮为粉状或小片状。混酥的制法适用于各种派，派可分为三种。

1.双皮派

双皮派是用两片派皮包馅，然后进炉烘焙，例如苹果派。根据馅的不同，双皮派又有水果派和肉派之分。

2.单皮派

单皮派是用一层派皮作底，上面放各种明馅料（见图5-2-7），例如蛋挞。单皮派根据馅料不同、派皮烤焙的不同，又可分为生派皮生馅料派和熟派皮熟馅料派两种。

图5-2-7

3.油炸派

油炸派多为双皮水果派，但派皮内油脂相对少一些，因为油炸时要吸收一部分油脂。

（二）清酥

所谓清酥，即通常所说的千层酥。相比较而言，清酥比混酥制作难度更高。一块经过整形的清酥面团，进炉烘焙后能胀大到原来体积的8～10倍，这种膨胀的能力是其他所有西点所不能相比的。

四、其他西式面点

（一）啫喱冻

啫喱冻是用喱粉调和牛奶、鸡蛋、水果等冰冻成形制成，其特点是五彩缤纷、嫩滑香甜，宜作中、晚餐点心，冷吃。

常见的啫喱冻有：奶油啫喱冻、咖啡啫喱冻、香草啫喱等。

（二）冰激凌

冰激凌有双色和三色的，还有各种水果冰激凌。作为西式点心的冰激凌，一般用高脚玻璃杯盛放，并用小碟子盛放各种糖面小点心一同上席。值得一提的是火烧冰激凌，又名焗冰山，是将长方形的一块清蛋糕放入椭圆形的银盘内，蛋糕上放上250克重的一块冰激凌，再将打起的鸡蛋白盖在上面，并用鸡蛋白裱成花纹，撒上糖粉，放入温度较高的焗炉内焗黄。上桌前，将白酒或白兰地酒淋在上面，用火点燃，会产生蓝色火焰，为宴会增添了热烈气氛。火烧冰激凌的特点是呈奶白色，火焰处微呈焦黄色，外热里冷，香甜可口，上菜形式特殊，常作为宴会最后一道菜。

（三）布丁

布丁是将面粉、黄油、牛奶、糖等调和后，放入小型布丁模子，上蒸锅蒸熟。上席时，将布丁装玻璃盘，趁热浇上沙司。其特点是颜色好看、松糯香滑，可作中、晚餐的点心（见图5-2-8）。

常见的布丁有黄油布丁、黄油双色布丁、德式黄油布丁、瑞典式黄油布丁、巧克力和咖啡黄油布丁，还有各种水果布丁，大都热吃。格司布丁是放入焗炉里焗熟，大都冷吃。

最有特色的是圣诞布丁，即梅子布丁，是圣诞节的节日点心，用料上选，精细操作，配以各种蜜饯、香料及牛腰油等。这种布丁越蒸质量越好，最好不断地蒸上4～5天，而且久藏不坏。梅子布丁实际上没有梅子，所用蜜饯有葡萄干、核桃仁、苹果等，加入白兰地、朗姆酒制成。梅子布丁呈紫红色，并用硬沙司挤出同花形图案，形状美观，香糯甜肥。

图5-2-8

（四）沙勿兰

沙勿兰的主要调料为各种甜酒、巧克力、水果等。制作方法是将鸡蛋白打起泡，放入焗炉内焗熟。其特点是呈金黄色，软香松甜，可用于晚餐点心，或供宴会及点菜等，宜热吃。

常见的沙勿兰有蛋黄沙勿兰、什锦水果沙勿兰、香蕉沙勿兰、巧克力沙勿兰等。

（五）派

派是有馅的酥饼，较大，每盘里的整派可切成8～10小块，供8～10人食用。英国派用深派盅盛放，美国派用浅圆碟盛放。派有甜、咸两种。甜的作点心，多用水果、巧克力、蛋黄、黄油等作馅；咸的作菜，以猪肉、火腿、鸡肉作馅。派制好后，浇上各种沙司，呈多种色彩，嫩滑香甜，可作中、晚餐点心或茶点。

（六）沙瑞薄饼

沙瑞薄饼是法国著名的甜点，它是将面粉、牛奶、鸡蛋和糖调成稀浆，加黄油在平底锅内烙成一圆薄饼，再用柠檬皮、橘汁、砂糖和库拉索酒（Curacao）调汁煮煎而成。食用时，在煮好的薄饼上淋白兰地酒，引火点燃，立即上席。其特点是热糯香甜，多数是由厨师制好薄饼，然后由餐厅部经理或领班在餐厅内当众调汁煮煎，增添欢快的气氛。

（七）烩水果

烩水果是将新鲜水果放入清水锅内，加砂糖、甜酒、香料等烩熟，然后离火冷却。上席时装入高脚玻璃杯内，加上打起的鲜奶油。其特点是呈各种水果的原色，甜嫩滑酸，有酒香，大都作为鸡尾杯、沙拉以及各种点心中的配料，也适宜作午餐点心。常见的烩水果有烩桃子、烩杏子、烩苹果、烩菠萝等。

（八）煎薄饼

煎薄饼是早、中、晚餐都适用的点心，薄薄的两片油煎饼，主要靠夹在中间的调料调味，调料有果酱、鲜奶油、黄油、水果、甜酒等。

（九）汉堡包

汉堡包是将汉堡牛排夹于两个烘过的新鲜圆面包中，再加上一些沙拉、一片奶酪、一些黄瓜片和一些调味品后即成（见图5-2-9），是现在风行于世界的美国式流行快餐。其特点是供应快速、价格合理、美味可口。

其中，汉堡牛排是将牛肉切碎后，加切碎的洋葱、面包粉和蛋黄调匀，加胡椒粉等调味后，做成较厚的牛肉饼，用黄油煎至金黄色。

图5-2-9

课后练习

1.举出五例有名的西点，并说明其特点。

2.列举三款特色蛋糕，并描述其特点与做法。

第六章

酒水基础知识

第一节 酒水概述

❄学习目标❄

1.了解酒的起源。
2.掌握酒水的概念。
3.了解酒的重要成分。

一、酒的起源

（一）西方酒起源的传说

1.古埃及

古埃及人认为酒是由奥西里斯（Osiris）发明的，因为他是死者的庇护神（见图6-1-1）。古埃及人认为酒可以用来祭祀先人、超度亡灵，给他们插上翅膀，让他们飞到极乐世界。人喝醉后有飘飘欲仙的感觉，所以，古埃及人认为酒代表翱翔的精神。

图6-1-1

2.古希腊

在古希腊传说中，酒神狄奥尼苏斯（Dionysus）是奥林匹克诸神中专与酒打交道的圣仙，是葡萄酒与狂欢之神，也是古希腊艺术之神（见图6-1-2）。

图6-1-2

（二）中国酒起源的传说

1. 仪狄酿酒

相传仪狄是夏禹的一名属下，《世本》曰："仪狄始作酒醪，变五味。"（见图6-1-3）

公元前二世纪的史书《吕氏春秋》云："仪狄作酒。"

汉代刘向编辑的《战国策》则进一步说明："昔者，帝女令仪狄作酒而美，进之禹，禹饮而甘之，遂疏仪狄，绝旨酒，曰：'后世必有以酒亡其国者。'"

图6-1-3

2. 杜康酿酒

另一种传说认为中国酿酒始于夏朝的杜康（见图6-1-4）。东汉《说文解字》中解释"酒"字的条目中注明："杜康作秫（shu）酒。"晋人江统在《酒诰》中记载："有饭不尽，委馀空桑。郁积成味，久蓄气芳，本出于此，不由奇方。"

曹操的《短歌行》曰："何以解忧，唯有杜康。"自此之后认为酒是杜康所创的说法就更多了。

图6-1-4

二、酒水的概念

酒水是指酒类和水类，是一切含酒精的饮料与不含酒精的饮料的统称。

（一）酒精饮料

"酒水"中的"酒"，指以粮食、果实、植物等含淀粉和糖分的物质为原料经发酵、蒸馏、配制等工艺而得到的含乙醇并具有刺激性的饮料。

酒类饮品一般酒精含量为0.5%～75.5%，具有令人兴奋、麻醉的特殊作用，具有一定的刺激性。日常生活中的酒类饮料主要有烈酒、葡萄酒、啤酒、黄酒、药酒、清酒等。

（二）非酒精饮料

"酒水"中的"水"，指不含酒精的饮品，又称软饮料。有些饮料含少量酒精，但含量在0.5%以下，主要是起调味的作用。

软饮料的主要作用是提神、补充人体水分。

软饮料主要包括：世界三大嗜好饮料（茶、咖啡、可可）、碳酸饮料、果蔬饮料、乳品饮料、瓶装饮用水、无酒精鸡尾酒和不含酒精的葡萄酒。

三、酒的重要成分

酒的重要成分是醇，包括甲醇和乙醇。酒中还含有少量杂醇油、醛类、酯类等，在这些成分中，有的具有一定的毒性。

（一）乙醇

乙醇是一种无色透明、易挥发、易燃烧的液体，有酒的气味和刺激的辛辣滋味，微甘，俗称酒精。

乙醇属于微毒类，是中枢神经系统的抑制剂，作用于大脑皮层，能刺激人的神经和促进血液循环。

乙醇在饮料酒中的含量是用酒度来表示的。目前，国际上酒度的表示法有三种。

1.标准酒度（Alcohol% by Volume）

标准酒度是指在20℃条件下，每100mL酒液中含有多少毫升的酒精，通常用百分比表示。

2.美制酒度（Degrees of Proof US）

美制酒度用酒精纯度（Proof）表示，1个酒精纯度相当于0.5%的酒含量。

3.英制酒度（Degrees of Proof UK）

英制酒度是18世纪由英国人克拉克（Clark）发明的一种酒度计算方法，以Sikes表示，酒液中酒精含量在114.4 Proof或57.1%酒精浓度时，定为0 Sides。

标准酒度×1.75=英制酒度；标准酒度×2=美制酒度。

中国酒的酒度表示方法基本采用标准酒度法，例如著名的茅台酒酒度为53度，也就是每100mL酒液中含53mL的纯酒精。

（二）甲醇

用含果胶多的水果、薯类、糠麸等作发酵原料时，酒中甲醇含量较高。与乙醇相比，甲醇的氧化分解速度慢，在人体内容易积蓄，若人体内甲醇贮量在4～10g，即可引起严重中毒。甲醇慢性中毒主要是黏膜刺激症状、眩晕、昏睡、头痛、消化障碍、视力模糊和耳鸣，严重的还会导致双目失明甚至死亡。另外，甲醇还会氧化产生毒性更强的甲醛和甲酸。因此，我国规定蒸馏酒及其配制酒中甲醇含量：以粮谷类为原料者，不得超过0.6g/L；其他酒类，不得超过2.0g/L。

知识链接

假酒中毒的主要原因是甲醇中毒。饮用用甲醇或工业酒精（含大量甲醇）勾兑的白酒、黄酒，或因酿酒原料或工艺不当导致蒸馏酒中甲醇含量严重超标的酒都会引起中毒。饮用后甲醇在人体全身都有分布，肾、肝、胃肠较多，眼玻璃体及视神经内含量高，有少量分布在脑、肌肉和脂肪组织。潜伏期为8～48h，一般为12～24h。轻度中毒者头痛、头晕、乏力、恶心、呕吐、腹痛，可能伴有轻度意识障碍或视盘充血、眼球疼痛，轻度代谢性酸中毒；重度中毒者可能会伴有重度意识障碍，或失明、光反射消失，严重的代谢性酸中毒。中毒者会出现心动过缓、休克、呼吸困难，可因呼吸突然停止而死亡。

（三）杂醇油

杂醇油是酒中高级醇的总称，主要有正丙醇、异丁醇及异戊醇等。它们是在酿酒过程中由原料中的蛋白质分解而成的。杂醇油对人体的毒性和麻醉作用较乙醇强而且持久，所以饮用了含杂醇油多的酒更容易酒醉，而且引起头痛。

（四）醛类

酒中醛类是相应的醇在酒精发酵过程中被氧化而生成的。甲醛、乙醛等是低沸点醛，丁醛、丙醛等是高沸点醛，它们的含量多少也与所使用的原料有关。醛类对人的毒性大于醇类，甲醛的毒性是甲醇的30倍，能使人体蛋白质凝固，10g甲醛即可致人死亡。

（五）铅和其他有毒物质

酒中含铅主要是由于蒸馏器、贮酒容器和劣质锅制器具中含铅量较高，尤其是酸度较高的酒中含铅量也较高。我国规定60%vol蒸馏酒中含铅量不得超过1mg/L。另外，酸酒原料中的苯并（a）芘和黄曲霉素的含量也会影响酒类的卫生标准，因此规定这两种有毒物质在酒中都不得检出。用木薯酿造的酒中可能有氰化物存在，因此规定酒中含氰化物不得超过8mg/L。

第二节 酒水的分类

学习目标

1. 掌握酒水的分类知识。
2. 掌握各种类型的酒的特点，了解主要代表酒。

一、酒精饮料的分类

酒精饮料又称含醇饮料或硬饮料。酒精饮料是一种能使人兴奋、麻醉，并具有刺激性的特殊饮料，通常称为酒。酒的种类五花八门，分类方法也不尽相同。

（一）按酒的特点分类

按酒的特点可将酒分为白酒、黄酒、啤酒、果露酒等。

1. 白酒

白酒是以谷物或其他含有丰富淀粉的农副产品为原料，以酒曲为糖化发酵剂，以特殊的蒸器为酿造工具，经发酵蒸馏而成（见图6-2-1）。白酒的酒精浓度一般在30%以上，无色透明，质地纯净，醇香甘美。

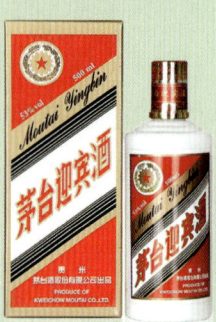

图6-2-1

2. 黄酒

黄酒又称压榨酒，主要是以糯米和黍米为原料，通过特定的加工酿造过程，利用酒药曲（红曲、麦曲）浆水中的多种真菌、酵母菌、细菌等生物的共同作用酿造而成的一种低度原汁酒。黄酒的酒精浓度一般在13%～18%，色黄清亮，黄中带红，醇厚幽香，味感和谐。

图6-2-2

3. 啤酒

啤酒是将大麦芽糖化后加啤酒花、酵母菌酿制而成的一种低度酒精饮料（见图6-2-3）。啤酒的酒精浓度一般在0.8%～7.5%。

图6-2-3

4.果酒

果酒是以含糖分较高的水果为主要原料，经过发酵等工艺酿制而成的一种酒精浓度较低的原汁酒（见图6-2-4）。其酒精浓度多在15%左右。

图6-2-4

（二）按酒的酿制方法分类

按酒的酿制方法可将酒分为蒸馏酒、酿造酒、配制酒。

1.蒸馏酒

将原料经过发酵后用蒸馏法制成的酒叫作蒸馏酒。这类酒的酒精浓度较高，一般在30%以上，如白酒。

2.酿造酒

酿造酒又称发酵酒，是将原料发酵后直接提取或采取压榨法获取的酒。其酒精浓度不高，一般不超过15%，如黄酒、果酒、啤酒、葡萄酒。

3.配制酒

配制酒是以原汁酒或蒸馏酒作为基酒，与酒精或非酒精物质进行勾兑，兼用浸泡、调和等多种手段调制而成的酒，如药酒、露酒等。

（三）按酒精浓度分类

按酒精浓度的高低可将酒分为高度酒、中度酒、低度酒。

1.高度酒

酒液中的酒精浓度在40%以上的酒为高度酒，如茅台酒、五粮液、汾酒等。

2.中度酒

酒液中的酒精浓度在20%～40%之间的酒为中度酒，如米酒、黄酒等。

3.低度酒

酒液中的酒精浓度在20%以下的酒为低度酒，如葡萄酒、香槟酒、低度药酒等。

二、非酒精饮料的分类

非酒精饮料又称无醇饮料或软饮料。非酒精饮料按加工方式可分为萃取型饮料、配制型饮料、采集型饮料、发酵型饮料。

（一）萃取型饮料

萃取型饮料是将天然水果、蔬菜等经破碎、压榨，或经浸提（同流或逆流）、抽提等工艺制取的产品。常见的萃取型饮料有如下几种。

1. 浓缩果汁

浓缩果汁是由新鲜、成熟的果实直接榨出，在不加糖、色素、防腐剂、香料、乳化剂以及人工甘味剂的情况下浓缩而成（见图6-2-5），饮用时可根据需要加入适量的稀释剂。如浓缩橙汁。

图6-2-5

2. 纯天然果汁

纯天然果汁是由新鲜、成熟的果实直接榨出，不浓缩、不稀释、不发酵。

3. 天然果浆

天然果浆是由水分较低及（或）黏度较高的果实，经破碎、筛滤后所得的稠状加工制品。

4. 纯天然蔬菜汁

纯天然蔬菜汁是指新鲜蔬菜经压榨、加水蒸煮或破碎筛滤所得的汁液。

5. 综合天然果蔬汁

综合天然果蔬汁是指由天然果汁、天然果浆和天然蔬菜汁混合而成的饮料，其比例不限。

6. 果露

果露是指加有糖及（或）香精、安定剂等稀释而成的饮料。

（二）配制型饮料

配制型饮料是指天然原料与添加剂配制而成的饮料。常见的配制型饮料有如下几种。

1. 不含香料的碳酸饮料

如苏打水。

2. 含香料碳酸饮料

含有水果香料的碳酸饮料，含果汁的碳酸饮料，含植物种子、根或药成分的碳酸饮料叫含香料碳酸饮料。如可乐、汤力水、雪碧。

（三）采集型饮料

采集型饮料是指采集天然资源，不需要加工或经简单加工而制成的产品，如矿泉水。

矿泉水是从地下取出的、含有多种矿物质的泉水。它以水质好、无污染、营养丰富而备受欢迎。其味有微咸和微甜两种，饭前饮用，既清凉爽口，又可帮助消化。

（四）发酵型饮料

发酵型饮料是天然原料经酵母或乳酸菌等发酵而成的产品（包括灭菌或不灭菌两种），如酸奶等。

知识链接

乳酸菌饮料与乳酸饮料的区别

乳酸菌饮料与乳酸饮料同属酸性乳饮料，都是以鲜乳或乳制品为原料，前者经乳酸菌发酵加工制成，而后者则未经发酵加工制成。乳酸饮料保质期要比乳酸菌饮料长。两类产品中蛋白质含量都要求在0.7%以上。消费者在购买时，要根据其产品是否通过发酵、是否含有活性乳酸菌及其蛋白质含量进行选择。

课后练习

一、名词解释

1. 酒水
2. 酒精饮料
3. 非酒精饮料

二、填空题

1. 白酒是以 _____ 为原料，以 _____ 为糖化发酵剂，以特殊的蒸器为酿造工具，经发酵蒸馏而成。白酒的度数一般在 _____ 度以上。
2. 黄酒又称 _____ ，主要是以 _____ 为原料，黄酒的度数一般在 _____ 度之间。
3. 酿造酒又称 _____ ，是将原料发酵后 _____ 或采取 _____ 获取的酒。
4. 配制酒是以 _____ 或 _____ 作为基酒，与酒精或非酒精物质进行勾兑，兼用浸泡、调和等多种手段调制成的酒。
5. 按酒的酿制方法可将酒分为 _____ 、_____ 、_____ 。
6. 软饮料按加工方式可分为 _____ 、_____ 、_____ 、_____ 。

三、判断题

1. 白酒是以水果或其他含有丰富淀粉的农副产品为原料，以酒曲为糖化发酵剂，以特殊的蒸器为酿造工具，经发酵蒸馏而成。（   ）
2. 啤酒是将大麦芽糖化后加啤酒花、酵母菌酿制而成的一种低度酒精饮料。啤酒的度数一般在2～8度之间。（   ）
3. 发酵酒的酒精含量较高，一般在30度以上。（   ）
4. 酒水是一切含酒精的饮料与不含酒精的饮料的统称。（   ）

第七章

发酵酒

第一节 葡萄酒

✼学习目标✼

1. 了解葡萄酒的历史。
2. 了解葡萄酒的分类、命名方法。
3. 学会葡萄酒的质量鉴别方法。

一、葡萄酒的历史

葡萄酒起源于人类文明的萌芽时期，随着战争和贸易往来而不断发展演进，政治和宗教也对其产生了深远的影响。酿造技术的日新月异，使葡萄酒质量不断提升；全球资源共享，让"新世界"与"旧世界"的葡萄酒逐渐殊途同归。

（一）起源

据考证，波斯是最早开始酿造葡萄酒的国家，约在公元前5000多年。传说在古代有一位波斯国王爱吃葡萄，曾将葡萄压紧保藏在一个大陶罐里，标着"有毒"，以防人偷吃。结果国王有一个妃子对生活产生了厌倦，擅自饮用了标明"有毒"的陶罐内的葡萄酿成的饮料，觉得滋味非常美好，非但没有结束自己的生命，反而异常高兴，对生活又充满了信心。她盛了一杯呈送给国王，国王饮后也十分欣赏。自此以后，国王颁布了命令，专门收藏成熟的葡萄，压紧盛放在容器内进行发酵，以便制成葡萄酒。

（二）发展

后来，葡萄酒的酿造技术逐渐传播到西亚和欧洲。

随着罗马帝国的扩张，葡萄栽培及葡萄酒酿造技术迅速传到法国、西班牙、北非，以及德国莱茵河流域。

在汉武帝年间，为了联合西域列国抗击匈奴，汉武帝遣张骞出使，葡萄酒以及葡萄酒的酿造技术也就是在这个时候传入中国的。

三国时期，曹丕曾说："且说葡萄，醉酒宿醒，掩露而食，甘而不饴，酸而不脆，冷而不寒，味长汁多，除烦解渴。又酿以为酒，甘于麹米，善醉而易醒。"可见当时的人，对于葡萄酒已有一定的认识。

二、葡萄酒的分类

（一）按色泽分类

1. 白葡萄酒

白葡萄酒（见图7-1-1）是选择白葡萄或浅红色果皮的酿酒葡萄，经过皮汁分离，取其果汁进行发酵酿制而成。这类酒的色泽应近似无色，有浅黄带绿、浅黄或禾秆黄，颜色过深的不符合白葡萄酒色泽要求。

图7-1-1

2.红葡萄酒

红葡萄酒（见图7-1-2）是选择皮红肉白或皮肉皆红的酿酒葡萄，采用皮汁混合发酵，然后进行分离陈酿而成。这类酒的色泽应呈自然宝石红色或紫红色或石榴红色等，失去自然感的红色不符合红葡萄酒的色泽要求。

3.桃红葡萄酒

桃红葡萄酒（见图7-1-3）是介于红、白葡萄酒之间，选用皮红肉白的酿酒葡萄，进行皮汁短期混合发酵，达到色泽要求后进行皮渣分离，继续发酵，陈酿成为桃红葡萄酒。这类酒的色泽是桃红色、玫瑰红色或淡红色。

图7-1-2

图7-1-3

（二）按含糖量分类

1.干葡萄酒

含糖（以葡萄糖计）小于或等于4.0g/L，或者当总糖与总酸（以酒石酸计）的差值小于或等于2.0g/L时，含糖最高为9.0g/L的葡萄酒为干葡萄酒。

2.半干葡萄酒

含糖大于干葡萄酒，最高为12.0g/L，或者当总糖与总酸（以酒石酸计）的差值小于或等于2.0g/L时，含糖最高为18.0g/L的葡萄酒为半干葡萄酒。

3.半甜葡萄酒

含糖大于半干葡萄酒，最高为45.0g/L的葡萄酒为半甜葡萄酒。

4.甜葡萄酒

含糖大于45.0g/L的葡萄酒为甜葡萄酒。

（三）按是否含二氧化碳分类

1. 平静葡萄酒

在20℃条件下，二氧化碳压力小于0.05MPa的葡萄酒为平静葡萄酒。

2. 起泡葡萄酒

在20℃时，二氧化碳压力等于或大于0.05MPa的葡萄酒为起泡葡萄酒。香槟酒属于起泡葡萄酒，在法国规定只有在香槟地区出产的起泡葡萄酒才能称为香槟酒。

（四）按饮用方式分类

1. 开胃葡萄酒

开胃葡萄酒在餐前饮用，主要是一些加香葡萄酒，酒精度一般在18%以上。我国常见的开胃酒有"味美思"。

2. 佐餐葡萄酒

佐餐葡萄酒同正餐一起饮用，主要是一些干型葡萄酒，如干红葡萄酒、干白葡萄酒等。

3. 待散葡萄酒

待散葡萄酒在餐后饮用，主要是一些浓甜葡萄酒。

三、葡萄酒的命名

（一）以葡萄品种命名

许多葡萄酒以优秀的葡萄品种名称命名，这种命名方法有利于突出和区别葡萄的风味和特色。但是，各国对使用葡萄名称命名的葡萄酒都有严格的规定。如美国规定以葡萄名称命名的葡萄酒必须含有75%以上的该葡萄品种；而法国规定必须是100%含有该品种。

比较常见的著名葡萄品种有：白富美（Fume Blanc）、赤霞珠（Cabermet Sauvignon）、黑皮诺（Pinot Noir）、霞多丽（Chardonnay）。

（二）以地区名命名

许多著名红葡萄酒都是以葡萄酒产地名命名。例如：法国波尔多区（Bordeanx）及其辖内著名的产区美道（Médoc）、圣埃美隆（Saint-Emilion）、波美侯（Pomerol）、苏玳（Sauternes）、格拉夫（Graves），勃艮第区（Burgundy）及其辖内的夏布利（Chablis）、夜丘（Cte de Nuits）等小产区，另有意大利的巴罗洛（Barolo）、巴巴莱斯科（Barbaresco）、阿斯蒂（Asti）、基安蒂（Chianti），德国的彼斯波特（Piesporter）、圣约翰（Johannisberg）等。

（三）以庄园的名称命名

以庄园的名称作为葡萄酒的名称，是生产商保证质量的一种承诺。

庄园是指葡萄园或大别墅。该类葡萄酒的命名标准是以该酒的葡萄种植采收、酿造和装瓶都须在同一庄园进行。这类命名方法多见于法国波尔多地区出产的红、白葡萄酒。例如：玛歌庄园（Chateau Margaux）、拉图庄园（Chateau Latour）、艺甘姆庄园（Chateau de Yquem）等。

（四）以同类型名酒的名称命名

借用名牌酒名称也是葡萄酒命名的方法之一。此类酒一般都不是名酒产地的产品，但属于同一类型，因此名前必须注明该酒的真实产地。如美国出产的勃艮第、夏布利葡萄酒，都使用了法国名酒产品的名称。

四、葡萄酒的品质鉴别

(一) 看颜色

优质葡萄酒颜色纯正，澄清并带有光泽。新鲜的白葡萄酒为无色或浅金黄色液体，优质的陈酿白葡萄酒是浅麦秆黄色或金黄色液体；玫瑰红葡萄酒呈桃红色；新酿制的红葡萄酒为红色、紫红色和石榴红色，陈酿红葡萄酒为宝石红色。

(二) 闻香味

优质的葡萄酒带有酒香或果香味，这种香味的构成极为复杂。香味是由酒中的各种物质累加、协同、分离或抑制而形成的，使酒香千变万化、多种多样。葡萄酒的香气来源可归纳为葡萄的果香味，这种香气与葡萄的品种、种植土壤、种植年份、种植地区的气候紧密相关；果香味还来自葡萄发酵中的香气，酒香在葡萄酒陈酿中生成，不同的生产工艺会产生不同的酒香味。此外，当葡萄酒在木桶成熟时，橡木桶溶解于葡萄酒中的物质也会使葡萄酒产生芳香。

有时为了更好地识别葡萄酒的香气，需要摇动酒杯，使得葡萄酒的香气充分释放，便于闻香。

(三) 品味道

葡萄酒味道以酸味和甜味为主，也存在着某些咸味和涩味。酒中的甜味物质构成了酒味的柔和与肥硕；酒中的酸味物质为葡萄酒带来了清爽感和醇厚感；而少量的咸味也增加葡萄酒的清爽感。涩味来自葡萄皮中的单宁，它对葡萄酒的质量及其成长方面发挥了重要的作用，使葡萄酒具有红润的颜色。

知识链接

葡萄酒的年份是指葡萄采收、榨汁酿造的时间，是欧美葡萄酒消费者十分重视的一件事。因为葡萄的生长受诸多因素的影响，尤其是气候要素，如光照时间、温度、降水量、空气湿度、风及各种自然现象，所以葡萄的生长随着每年气候的变化而不同。葡萄的收成有好年景、坏年景之分，可直接影响到葡萄的质量，进而影响到葡萄酒的质量。在法国等欧洲国家，每年都要对各个葡萄产地（如波尔多、勃艮第等）的葡萄收成情况划分等级、进行公告，已形成惯例。

第二节 啤 酒

※学习目标※

1. 了解啤酒的发展历史。
2. 了解啤酒的分类、代表性品牌。
3. 学会啤酒的质量鉴别方法。

啤酒是一种以大麦芽和小麦芽为主要原料,并加入啤酒花,经过液态糊化和糖化,再经过液态发酵酿制而成的酒精饮料。

一、啤酒的发展历史

啤酒的起源猜测是几千年前远古人类发现被水浸泡过的野生大麦,通过空气中的酵母菌发酵,所产生的一种带有气泡的液体。

啤酒真正成为一种饮食文化,还要得益于农耕文明的到来和发展。农耕社会条件下,富余的粮食才有可能拿来酿酒。公元前4000年前到公元前3000年前的两河文明,尤其是苏美尔文明,在推动啤酒的发展方面起到不可磨灭的作用。在美索不达米亚平原地区发现的大量古代图案中,就有一幅刻制于公元前4000年的图案,刻画的是两个人喝啤酒的场景。

后来,苏美尔文明灭亡,古巴比伦文明接替了苏美尔文明,也传承了苏美尔人的啤酒酿造技术,据说那时古巴比伦人已经能酿造20种啤酒了。

(一)现代啤酒

公元4世纪,啤酒酿造技术从埃及传到欧洲。自此,欧洲人民就爱上了这种由麦芽发酵产生的酒精液体。公元786年,德国的一个修道士尝试把啤酒花用于啤酒生产,使啤酒的质量大大改善,保质期也得以延长。不过,直到15世纪才正式将酒花确定为啤酒的香料。而啤酒与啤酒花的结合,可以视为现代啤酒的一个重要起点。到了欧洲工业革命时期,随着巴氏灭菌法、过滤装置等现代工艺和设备的发现和发明,啤酒酿造技术获得了快速发展。

(二)啤酒在中国最早历史

啤酒在中国是典型的舶来品,于19世纪末引入中国。中国最早创办的啤酒厂是俄罗斯人于1900年在哈尔滨创办的乌卢布列夫斯基啤酒厂,这就是现在哈尔滨啤酒集团的前身。1903年英国和德国商人在青岛创办日耳曼啤酒公司青岛股份公司,生产能力为2000吨,这就是现在青岛啤酒股份有限公司(见图7-2-1)的前身。

图7-2-1

二、啤酒的分类

(一)按发酵方式分类

按发酵方式分类,啤酒可以分为顶部发酵和底部发酵。

1.顶部发酵

顶部发酵是使用酵母菌在麦芽顶层发酵,该发酵方式适合在常温条件下发酵,发酵过程中,液体表面大量会聚集大量的泡沫进行发酵。采用该发酵方式发酵的啤酒,酒精浓度较高,酒体饱满,酒的颜色较深,香味和口感浓郁,余味有非常迷人的酒花香味。很多精酿啤酒(见图7-2-2)采取的都是顶部发酵方式。

图7-2-2

2.底部发酵

底部发酵是指啤酒酵母在底部发酵，发酵时温度要求较低，为9～14℃。底部发酵的啤酒口感清爽，麦芽香气突出，酒精含量较低。我国的雪花啤酒（见图7-2-3）、燕京啤酒就属于底部发酵方式。

图7-2-3

（二）按是否进行高温杀菌分类

按是否进行高温杀菌分类，啤酒可分为鲜啤酒和熟啤酒。

1.鲜啤酒

包装后不经巴氏灭菌的啤酒叫鲜啤酒。鲜啤酒不能长期保存，保存期在7天以内。

2.熟啤酒

包装后经过巴氏灭菌的啤酒叫作熟啤酒。熟啤酒可以保存三个月。

（三）按原麦汁浓度分类

按照原麦汁的浓度分类，啤酒可分为低浓度啤酒、中浓度啤酒和高浓度啤酒。

1.低浓度啤酒

原麦汁浓度为2.5～8度，酒精浓度为0.8%～2.2%。

2.中浓度啤酒

原麦汁浓度为9～12度，酒精浓度为2.5%～3.5%，淡色啤酒几乎都属于这个类型。

3.高浓度啤酒

原麦汁浓度为13～22度，酒精浓度为3.6%～5.5%，多为深色啤酒。

知识链接

啤酒商标中的"度"不是指酒精含量,而是指发酵时原料中麦芽汁的糖度,即原麦芽汁浓度,分为6度、8度、10度、12度等。一般情况下,麦芽浓度高,含糖就多,啤酒酒精含量就高,反之亦然。

(四)按酿造工艺分类

按酿造工艺分类,啤酒主要分为纯生啤酒、黑啤酒、扎啤、小麦啤酒、淡色啤酒、干啤酒、全麦芽啤酒、头道麦汁啤酒、低醇啤酒、冰啤酒、果味啤酒、黑色啤酒、果蔬啤酒等。

1. 纯生啤酒

顾名思义,纯生啤酒就是未经过巴氏热灭菌的生啤,但又跟传统生啤不一样,它是采用特殊的酿造工艺,通过严格控制微生物指标,采用无菌膜过滤技术,过滤掉酵母菌和杂菌,这样就使得纯生啤酒保质期大大延长。按此工艺酿造的纯生啤酒,新鲜可口,风味清爽(见图7-2-4)。

图7-2-4

2. 黑啤酒

黑啤酒的主要原料除使用一般的淡色麦芽外,还要加入一定量的黑色麦芽和焦香麦芽,因而酒液有浓郁的焦香麦芽味,颜色较深,同时也使用了更多的啤酒花。在酿造工艺方面,它也比普通啤酒酿造工艺更严格,发酵期为16天。黑啤酒的麦芽浓度高,麦芽味重,不过滤酵母菌,酒花比多数酒都浓,酒精度为3%~7.5%,营养也非常丰富。世界上最著名的黑啤酒来自德国慕尼黑,这里也是黑啤酒的成名之地。

图7-2-5

3. 扎啤

扎啤也是生啤,与纯生啤酒一样未经过高温杀菌,而是经过微孔膜过滤后,从生产线直接注入全封闭的扎啤机里的高级鲜啤酒,扎啤机使啤酒的温度保持在3~8℃。饮用时用扎啤机充入二氧化碳。扎啤是一种纯天然、无色素、无防腐剂、不加糖、不加任何香精的优质酒，营养丰富，保质期短。

4.冰啤酒

冰啤酒不是冰镇啤酒，而是酿造过程中将啤酒处于冰点温度，使之产生冷混浊（冰晶、蛋白质等结成微小冰晶颗粒），然后滤除，从而生产出非常清澈的啤酒。冰啤酒的酒精浓度较高，在5.6%以上，高者可达10%。冰啤酒的口味柔和、醇厚、爽口。

5.干啤酒

干啤酒是指高发酵度的啤酒，传统的啤酒中还含有一定的糖分，干啤酒是在普通啤酒的基础继续发酵，使得其中的糖分继续分解，降低甜度。干啤酒口味纯正、清爽，无甜、无后苦。

6.小麦啤酒

小麦啤酒也叫白啤酒，是以小麦芽（含量在50%以上，成分比例最高）、大麦芽为主要原料，采用顶部发酵方式生产的啤酒。小麦啤酒酒液清亮透明，色泽较浅，口感淡爽，苦味轻。

7.全麦芽啤酒

全麦芽啤酒是主要原料采用优质大麦芽、优质啤酒花、纯天然矿泉水，以德国传统工艺精工酿制而成的高档啤酒，不添加任何其他辅料，生产成本较高。该酒的口味醇厚、麦香浓郁，泡沫洁白细腻、持久挂杯，有明显的酒花香气，苦味适中。

三、啤酒质量鉴别

1.透明度

酒液应清亮透明，无悬浮物和沉淀物。

2.色泽

浅色黄啤酒应呈微带青色的金黄色，不可色暗；黄啤酒应呈淡黄色或淡黄带绿色，色淡者为优，不可带有暗褐色；黑啤酒应呈黑红色或黑棕色，不可呈黑褐色、浅红色或棕色。

3.泡沫

泡沫是衡量啤酒质量的重要指标。在常温下把啤酒缓慢地倒入洁净的杯中，有泡沫升起，一般应达杯子高度的1/3以上；泡沫应细腻洁白，能挂杯；泡沫保留时间长（3～5分钟），这样的啤酒是好啤酒。

4.香气

黄啤酒应具有明显的新鲜酒花香气，黑啤酒则要求有明显的麦芽香味。

5.口味

啤酒的口味是决定啤酒质量优劣的最重要的指标。优质啤酒的口味要求饮后能体现醇正、爽口、醇厚等特点。

四、中外名啤

（一）中国品牌

1.青岛啤酒

青岛啤酒厂始建于清光绪二十九年（1903年）。当时青岛的英、德商人为满足侨民的需要开办了啤酒厂。企业名称为"日耳曼啤酒公司青岛股份公司"，生产设备和原料全部来自德国，产品品种有淡色啤酒和黑啤酒。

青岛啤酒属于淡色啤酒，酒液呈淡黄色，清澈透明，富有光泽（见图7-2-6）。酒中二氧化碳充足，当酒液注入杯中时，泡沫细腻、洁白，持久而厚实，并有细小如珠的气泡从杯底连续不断上升，经久不息。饮时，酒质柔和，有明显的酒花香和麦芽香，具有啤酒特有的爽口苦味和杀口力。其原麦芽浓度为8～11度，酒度为3.5～4度。

图7-2-6

2.哈尔滨啤酒

哈尔滨啤酒诞生于1900年，是中国最早的啤酒品牌，由俄罗斯商人乌卢布列夫斯基创建。在百年的发展历程中，哈啤集团的旗舰品牌——哈尔滨啤酒始终保持了纯正清爽的口味和干净利落的口感，为一代又一代的啤酒爱好者带来美好的生活享受。

哈尔滨啤酒口感清爽，比其他啤酒更适合冰饮，口感清爽，沁人心脾（见图7-2-7）。

图7-2-7

3.珠江啤酒

珠江啤酒是广州珠江啤酒集团有限公司旗下的品牌，在中国啤酒行业中享有"南有珠江"的美誉。珠江啤酒具有清亮透明的酒液、洁白持久的泡沫、清爽纯净的苦味、舒适柔和的口感，以及阵阵清纯的酒花香（见图7-2-8）。

图7-2-8

4.金星啤酒

创建于1982年的金星啤酒,是豫啤代表企业之一。金星原浆啤酒是全程无菌状态下酿造出来的啤酒发酵原液,100%麦芽发酵,含酵母,不过滤,最大限度保留了活性物质和营养成分,保持了啤酒最原始、最新鲜的口感(见图7-2-9)。酒体泡沫丰富,香气浓郁,口味新鲜纯正。

图7-2-9

5.雪花啤酒

华润雪花啤酒(中国)有限公司成立于1994年,是一家生产、经营啤酒的全国性的专业啤酒公司。雪花啤酒因其泡沫丰富洁白如雪、口感清爽、口味持久、溢香似花,遂得名(见图7-2-10)。其酒液淡黄,明亮有光;具有酒花香气和麦芽清香,香气纯正;注入杯内,因二氧化碳气足,细腻洁白如雪花的泡沫立即浮起。

图7-2-10

6.西藏青稞啤酒

西藏青稞啤酒采用西藏当地的优质矿泉水和极富营养价值的青稞为主要原料酿制而成,是世界上唯一以青稞为原料、规模化生产的啤酒品牌。以青稞为原料酿制的啤酒,具有降血脂、调节血糖、有益肠道、增强免疫力等保健功效。该酒酒液清澈透明,泡沫洁白细腻,口感纯正爽滑,具有独特的青稞麦芽香味(见图7-2-11)。

图7-2-11

（二）国外品牌

1.嘉士伯

嘉士伯啤酒由丹麦啤酒巨人嘉士伯公司出品。该公司于1847年创立，至今已有170多年的历史，在40多个国家都有生产基地，远销世界140多个国家和地区，产品风行全球。嘉士伯啤酒工艺一直是啤酒业的典范之一，重视原材料的选择，采用严格的加工工艺，保证其质量一流。嘉士伯啤酒的口感属于典型的欧洲拉格啤酒，酒质澄清甘醇，口味较大众化（见图7-2-12）。

图7-2-12

2.喜力啤酒

喜力啤酒公司于1863年创建于荷兰的阿姆斯特丹。它是产量排名世界第二的啤酒酿造公司，是世界上最大的啤酒出口商。喜力啤酒是以蛇麻子为主要原料酿制而成的啤酒，口感平顺甘醇，不含苦涩刺激味道（见图7-2-13）。

图7-2-13

3.比尔森啤酒

比尔森啤酒产于捷克斯洛伐克的比尔森。当地水质好，硬度很低，酒花的香味很好。该酒采用优质二棱大麦作为主要原料，以底部发酵法生产。

其特点为色泽浅黄，泡沫好，酒花香味浓，苦味重而不长，口味醇爽，是具有代表性的淡色啤酒（见图7-2-14）。

图7-2-14

4.慕尼黑啤酒

慕尼黑啤酒产于德国慕尼黑。当地水质硬度适中。该酒采用深色麦芽作为主要原料,以底部发酵法生产。

其特点是色泽深,有浓郁的焦麦芽香味,苦味轻,口味浓醇而甜,是具有代表性的黑啤酒(见图7-2-15)。

图7-2-15

5.多特蒙德啤酒

多特蒙德啤酒产于德国的多特蒙德。当地水质极硬。该酒采用底部发酵法生产。

其特点为色泽浅,苦味轻,口味醇和爽口,是德国具有特色的淡色啤酒(见图7-2-16)。

图7-2-16

6.巴登·爱尔啤酒

巴登·爱尔啤酒是英国的传统名牌啤酒,有淡色和深色两种,内销爱尔啤酒原麦芽汁浓度为11%～12%,出口爱尔啤酒的原麦芽汁浓度为16%～17%。

淡色爱尔啤酒色泽浅,酒精含量高,酒花香味浓郁,苦味少,口味清爽。

深色爱尔啤酒色泽深,麦芽香味浓,酒精含量较淡色的低,口味略甜而醇厚,苦味明显而清爽,在口中消失快。

第三节 中国黄酒

❋学习目标❋

1. 了解黄酒的起源。
2. 了解黄酒的成分及其分类。
3. 了解中国名优黄酒。

一、黄酒的起源

黄酒是世界上最古老的酒类之一，起源于中国，且唯中国有之，与啤酒、葡萄酒并称世界三大古酒。约在三千多年前，商周时代，中国人独创酒曲复式发酵法，开始大量酿制黄酒。黄酒产地较广，品种很多，著名的有浙江花雕酒、状元红、上海老酒、绍兴加饭酒、福建老酒、江西九江封缸酒、江苏丹阳封缸酒、无锡惠泉酒、广东珍珠红酒、山东即墨老酒等。

黄酒以大米、黍米为原料，一般酒精含量为14%～20%，属于低度酿造酒。黄酒有丰富的营养成分，含有18种氨基酸，人体自身不能合成而必须依靠食物摄取的8种必需氨基酸，黄酒中都含有，故被誉为"液体蛋糕"。

二、黄酒的成分

黄酒是用谷物作原料，用麦曲或小曲作糖化发酵剂制成的酿造酒。在历史上，黄酒的生产原料在北方以粟为主，在南方普遍选用稻米。

三、黄酒的分类

（一）按黄酒的含糖量分类

1. 干黄酒

"干"表示酒中的含糖量少，小于1.00g/100mL。干黄酒口味醇和、鲜爽、无异味。

2. 半干黄酒

"半干"表示酒中的糖分还未全部发酵成酒精，还保留了一些糖分。在生产中，这种酒的加水量较少，相当于在配料时增加了饭量，含糖量在1.00～3.00g/100mL，故半干黄酒又称为"加饭酒"。我国大多数高档黄酒均属此种类型，口味醇厚、柔和、鲜爽、无异味。

3. 半甜黄酒

这种酒的酿制工艺独特，是用成品黄酒代水，加入发酵醪中，使糖化发酵开始之际，发酵醪中的酒精浓度就达到较高的水平，在一定程度上抑制了酵母菌的生长速度，由于酵母菌数量较少，发酵醪中产生的糖分不能转化成酒精，故成品酒中的糖分较高。该酒含糖量在3.00～10.00g/100mL，是黄酒中的珍品，口味醇厚、鲜甜爽口，酒体协调，无异味。

4.甜黄酒

这种酒一般是采用淋饭操作法，拌入酒药，搭窝先酿成甜酒酿，当糖化至一定程度时，加入酒精浓度为40%～50%的米白酒或糟烧酒，以抑制微生物的糖化发酵作用，其含糖量在10.00～20.00g/100mL。甜黄酒口味鲜甜、醇厚，酒体协调，无异味。

（二）按黄酒的酿造方法分类

1.淋饭酒

淋饭酒是指将蒸熟的米饭用冷水淋凉，拌入酒药和曲，搭窝，糖化，最后加水进行发酵。用这种方法酿制的酒口味淡薄、鲜爽。

2.摊饭酒

摊饭酒是指将蒸熟的米饭摊在竹篾上，使米饭冷却，然后再加入麦曲、酒母、浸米浆水等，混合后直接进行发酵。这种方法多用来生产干型和半干型黄酒。

3.喂饭酒

喂饭酒是在黄酒发酵中多次投料，多次发酵酿制而成的黄酒。采用该种方法酿制的酒苦味减少，口味醇厚。

（三）按黄酒酿造的原料和酒曲分类

1.糯米黄酒

糯米黄酒是以酒药和麦曲为糖化发酵剂，主要生产于中国南方地区。

2.黍米黄酒

黍米黄酒是以米曲霉制成的麸曲为糖化发酵剂，主要生产于中国北方地区。

3.大米黄酒

大米黄酒以米曲加酵母为糖化发酵剂，是一种改良的黄酒，主要生产于中国吉林、山东以及湖北襄阳。

4.红曲黄酒

红曲黄酒是以糯米为原料，红曲为糖化发酵剂，主要生产于中国福建及浙江。

四、中国名优黄酒

（一）绍兴酒

绍兴酒，产于浙江省绍兴市，简称"绍酒"，又称绍兴老酒。其酒味随着时间的久远而愈发浓烈，越陈越香。绍兴酒具有色泽橙黄清澈、香气馥郁芬芳、滋味鲜甜醇美的独特风格（见图7-3-1）。因绍兴酒有越陈越香、久藏不坏的优点，人们说它有"长者之风"。

图7-3-1

1.元红酒

元红酒又称状元红酒,因在其酒坛外表涂朱红色而得名。这是绍兴酒的特色产品,属于干型黄酒,须贮藏1~3年后再上市,酒精浓度在15%以上,含糖量为0.2%~0.5%。元红酒酒液橙黄透明,香气芬芳,口味甘爽微苦,有健脾作用,是绍兴酒家族的主要品种,产量最大,且价廉物美,素为广大消费者所喜爱(见图7-3-2)。

图7-3-2

知识链接

浙江地区风俗,生子之年,选酒数坛,泥封窖藏。待孩子到长大成人婚嫁之日,方开坛取酒宴请宾客。如果生的是男孩,便盼望他长大后饱读诗书、进京赶考,到有朝一日高中状元回乡报喜,即可把老酒开坛招呼亲朋,名为"状元红"。实际上"状元红"一般都是在儿子结婚时用来招待客人。如果生的是女孩,则叫"女儿红",同样也是在其长大成人后的出嫁之日作迎宾之用。因经过20余年的封藏,酒的风味更加香醇。

2.加饭酒

加饭酒是在元红酒基础上精酿而成,减少水量,属于半干型黄酒。其酒度在18度以上,糖分在2%以上。加饭酒酒液橙黄明亮,香气浓郁,口味醇厚,宜于久藏(见图7-3-3)。饮时加温,则酒味尤为芳香,适当饮用可增进食欲,帮助消化,消除疲劳。

图7-3-3

3.花雕酒

在储存的绍兴酒坛外雕绘五色彩图,多为花鸟鱼虫、民间故事及戏剧人物,具有民族风格,习惯上称为"花雕酒"或"远年花雕"(见图7-3-4)。

图7-3-4

4. 善酿酒

善酿酒是以存储1~3年的元红酒代替水酿成的双套酒。善酿酒属于品质优良的母子酒，是半甜型黄酒的典型代表，其酒精浓度在14%左右，含糖量在8%左右，酒色深黄，口味醇厚甜美，芳馥异常，是绍兴酒中的佳品（见图7-3-5）。

图7-3-5

5. 香雪酒

香雪酒是绍兴酒的高档品种，是采用陈年槽烧代水用淋饭法酿制而成，也是一种双套酒，酒体呈白色，像白雪一样，是甜型黄酒的典型代表（见图7-3-6）。其酒精浓度在20%左右，含糖量在20%左右，酒色金黄透明。经陈酿后，此酒上口、鲜甜、醇厚，不会感到有辛辣味。

图7-3-6

（二）即墨老酒

即墨老酒产于山东省即墨县，主要原料为黍米、麦饭石泉水、陈伏麦曲，酒液褐带红，浓厚挂杯，具有特殊的焦糜香气（见图7-3-7）。饮用时醇厚爽口，微苦而余香不绝。据化验，即墨老酒含有17种氨基酸、16种人体所需要的微量元素及酶类维生素。每千克即墨老酒中氨基酸含量比啤酒高10倍，比红葡萄酒高12倍，适量常饮能驱寒活血、舒筋止痛、增强体质，加快人体新陈代谢。

图7-3-7

(三) 沉缸酒

沉缸酒产于福建省龙岩，为甜型黄酒，因其在酿制过程中，酒醅沉浮三次后沉于缸底，故而得名。

沉缸酒酒液鲜艳透明，呈红褐色，有琥珀光泽，芳香幽郁，酒质醇厚，入口甘甜，无稠黏之感，饮后感到糖的清甜、酒的醇香、曲的苦味，风味独特，余味绵长（见图7-3-8）。

图7-3-8

第四节 日本清酒

✻学习目标✻

1. 了解日本清酒的起源。
2. 了解日本清酒的分类及特点。
3. 认识清酒的主要品牌。

一、日本清酒的起源

清酒是以米、酵母和水发酵而成的一种日本传统酒类，又称为日本酒，酒精浓度在15%左右。日本清酒是借鉴中国黄酒的酿造法发展起来的日本国酒。

1000多年来，清酒一直是日本人最常喝的饮料。在大型的宴会上、结婚典礼中，在酒吧间或寻常百姓的餐桌上，人们都可以看到清酒。据史书记载，古时候日本只有"浊酒"，没有清酒。后来有人在浊酒中加入石炭，使其沉淀，取其清澈的酒液饮用，于是便有了清酒。公元7世纪中叶之后，朝鲜古国百济与中国常有来往，并成为中国文化传入日本的桥梁。因此，中国用"曲种"酿酒的技术就由百济传播到日本，使日本的酿酒业得到了很大的发展。到了公元14世纪，日本的酿酒技术已日臻成熟，人们用传统的清酒酿造法生产出质量上乘的产品，这就是著名的"僧侣酒"，其中尤以奈良地区所产的清酒最负盛名。后来，日本酿酒中心转移到了以伊丹、神户、西宫为主的"摄泉十二乡"。明治后期，又转移到以神户与西宫构成的"滩五乡"。滩五乡从明治后期至今一直保持着"日本第一酒乡"的地位。

日本烹饪时多用清酒，在餐桌上也多以清酒作为饮品，清酒已成日本的国粹。

二、日本清酒的分类

（一）按酿制的原料及精米程度分类

1.纯米大吟酿（大吟酿）

大吟酿酒所用原料的精米度在50%以下，米的杂质磨掉五成以上，酒的口感平滑，是顶级清酒。

2.纯米吟酿（吟酿）

制作吟酿酒时，要求所使用原料的精米度在60%以下，米的杂质磨掉四成以上，运用特殊酵母低温发酵，酒香浓郁带果香味，芳香清爽。

3.特别纯米（纯米）

纯米酿造酒即为纯米酒，酿酒过程中只加米、酵母与水，不添加酒精和糖类。纯米酒味道丰厚醇、香甜，所使用原料的精米度在60%~70%。

4.特别本酿造（本酿造）

本酿造酒的精米度为70%，米的杂质磨掉三成以上，酿酒过程中会添加酿造用酒精，味道比较清淡，属于中档清酒。

知识链接

精米步合，即精米度，是日本清酒酿造的术语，指的是磨过之后的白米，占原本糙米的比例。其值越小，清酒味道越是淡丽清香，价格就越贵，品质也越好；而其值越大，越有浓醇的鲜味感。

（二）按口味分类

1.甜口酒

甜口酒含糖分较多，是酸度最低的酒。

2.辣口酒

辣口酒含糖较少，是酸度较高的酒。

3.浓口酒

浓口酒指口味浓厚的酒，含较多的浸出物和糖分。

4.淡丽酒

淡丽酒含较少的浸出物和糖分，是比较爽口的酒。

5.高酸味酒

高酸味酒的酸度较高，酸味浓重为其特征。

6.原酒

原酒是指不加水稀释的酒，相比于其他口味的酒，酒精浓度最高。

（三）按储存期分类

1.新酒

新酒是指压滤后未过夏的清酒。

2.老酒

老酒是指储存过一个夏季的清酒。

3.老陈酒

老陈酒是指储存过两个夏季的清酒。

4.秘藏酒

秘藏酒是指酒龄在5年以上的清酒。

三、清酒的特点

　　日本清酒虽然借鉴了中国黄酒的酿造法，但却有别于黄酒。该酒色泽呈淡黄色或无色，清亮透明，芳香怡人，口味纯正，绵柔爽口，其酸、甜、苦、涩、辣诸味谐调，酒精浓度在15%以上，含多种氨基酸、维生素，是营养丰富的饮料酒。

　　日本清酒的制作工艺十分考究。精选的大米要经过磨皮，使大米精白，浸渍时吸收水分快，而且容易蒸熟；发酵时又分成前、后发酵两个阶段；在装瓶前、后各进行一次杀菌处理，以确保酒的保质期；勾兑酒液时注重规格和标准。如"松竹梅"清酒（见图7-4-1）的质量标准是：酒精浓度18%，含糖量35g/L，含酸量在0.3g/L以下。

图7-4-1

四、清酒品鉴

　　通常来说，清酒只要保存良好，没有变质，色泽清亮透明，就都能维持住一定的香气与口感。

（一）眼观

　　观察酒液的色泽与色调是否纯净透明，若是有杂质或颜色偏黄甚至呈褐色，则表示酒已经变质或是劣质酒。在日本品鉴清酒时，会用一种在杯底画着螺旋状线条的"蛇眼杯"来观察清酒的清澈度，算是一种比较专业的品酒杯。

（二）鼻闻

清酒最忌讳的是过熟的陈香或其他容器所逸散出的杂味，而有芳醇香味的清酒才是好酒。品鉴清酒所使用的杯器与品鉴葡萄酒的一样，需特别注意温度的影响与材质的特性，这样才能闻到清酒的独特清香。

（三）口尝

在口中含3～5mL的清酒，然后让酒在舌面上翻滚，使其充分均匀地遍布舌面来进行品味，同时闻酒杯中的酒香，让口中的酒与鼻闻的酒香融合在一起，吐出之后再仔细品味口中的余味，若是酸、甜、苦、涩、辣五种口味均衡调和，余味清爽柔顺，就是优质的好酒。

五、清酒的主要品牌

（一）菊正宗

菊正宗创办于1659年，是日本清酒界的老牌企业之一。其产品酒香味烈，这是日本第一酒乡——滩五乡酒厂的特有酒质。菊正宗清酒与一般市面贩售稍带甜味的其他清酒不同，酒质凛冽，这是由于在酿造发酵的过程中，采用了该公司自行开发的"菊正酵母"作为酒母。这种酵母菌的发酵力强，而且生命力旺盛，直到发酵末期都不会死亡，所以它可以最大限度地将酒中的葡萄糖转化成酒精。由此酿造出了酒质凛冽、余味悠长的日本清酒（见图7-4-2）。

图7-4-2

（二）大关

大关清酒在日本已有二百多年的历史（见图7-4-3）。"大关"的名称是来源于日本传统的相扑运动。数百年前日本各地最勇猛的力士，每年都会聚集在一起进行相扑比赛，优胜的选手会被赋予"大关"的头衔。而"大关"的品名是在1939年开始用作特殊的清酒等级名称。

图7-4-3

（三）日本盛

酿造日本盛清酒的西宫酒造株式会社，在1889年创立于日本兵库县，为使品牌名称与酿造厂一致，于2000年更名为日本盛株式会社。日本盛清酒（见图7-4-4）的口味介于月桂冠（甜）与大关（辛）之间。

图7-4-4

（四）月桂冠

月桂冠的最初商号名称为笠置屋，成立于宽永十四年（1637年），当时的酒品名称为玉之泉，其创始者大仓六郎右卫门在山城笠置庄（现在的京都伏见区）开始酿造清酒，至今已有300多年的历史，酿出的酒香醇淡雅（见图7-4-5）。

图7-4-5

（五）白雪

日本清酒最初是用于祭祀，寺庙里的僧人为了祭典自行造酒，部分留作自己喝，早期的酒呈混浊状，经过不断的改良才逐渐转为澄清，其时大约在16世纪。白雪清酒的发源可追溯至公元1550年，小西家族的祖先新右卫门宗吾开始酿酒，当时最好喝的清酒称为"诸白"，由于小西家族制造诸白成功，于是投入更多的心力制作清酒。到了1600年江户时代，小西家第二代宗宅运酒至江户途中，仰望富士山时，被富士山的气势所感动，因而将酒命名为"白雪"。白雪清酒可说是日本清酒最古老的品牌。

白雪清酒呈现的是细致优雅的口感，如同其名，冰镇之后饮用更感到清爽畅快（见图7-4-6）。

图7-4-6

（六）白鹿

白鹿清酒创立于1662年，至今已有300多年的历史。当地的水质清洌甘美，是日本所谓最适合酿酒的西宫名水，白鹿就是使用此水酿酒。早在江户时代的文政、天保年间（1818—1843年），白鹿清酒就十分著名，迄今仍拥有崇高的地位。

白鹿清酒的特色是香气清新高雅，口感柔顺细致，非常适合冰镇饮用。一般清酒在酿制过程中须进行两次杀菌处理，而生清酒仅做一次杀菌处理便装瓶，因此其口感更加清新活泼（见图7-4-7）。

图7-4-7

（七）白鹤清酒

白鹤清酒创立于1743年，至今已有二百余年的历史，是日本的著名清酒品牌（见图7-4-8）。它在日本的主要清酒产区——关西的滩五乡，有不可动摇的地位。

白鹤品牌的产品相当多元化，除了人们熟知的清酒、生清酒外，还有烧酎、料理酒等其他种类的酒品；在清酒方面，产品线更是齐全多样，从纯米生酒、生贮藏酒、特别纯米酒到大吟酿、纯米吟酿、本酿造等；口味则是从淡丽到辛口、甘口，适合女性的或专属男性喝的，可说应有尽有。

图7-4-8

（八）富贵清酒

富贵清酒的酿造厂商是GODO合同酒精株式会社。它位于北海道旭川市，1924年由四家酒厂合并而成，由于结合了不同的酒类制造商，其产品线较多元化，包括烧酎、清酒、梅酒、葡萄酒等。富贵清酒是采用知名六甲山流出的滩水"宫水"，以丹波杜氏的传统酿酒技艺酿制而成，其口味清新淡雅，不过也有较辛口的特级清酒。

课后练习

一、填空题

1. 葡萄酒按色泽分类可分为 _____ 、_____ 、_____ 。
2. 啤酒按其发酵方式可分为 _____ 、_____ 。
3. 黄酒按其含糖量可分为 _____ 、_____ 、_____ 、_____ 。
4. 黄酒是用 _____ 作原料，用 _____ 作糖化发酵剂制成的 _____ 。
5. 秘藏酒是指酒龄为 _____ 年以上的清酒。

二、判断题

1. 葡萄酒按含糖量分类可分为干葡萄酒、半干葡萄酒、半甜葡萄酒、甜葡萄酒。（   ）
2. 红葡萄酒是用皮红肉白或皮肉皆红的酿酒葡萄，采用皮汁混合发酵，然后进行分离陈酿而成。（   ）
3. 冰啤酒是指冰镇啤酒。（   ）
4. 哈尔滨啤酒是中国最早的啤酒品牌。（   ）
5. 黄酒的生产原料以小麦为主。（   ）
6. 日本清酒的精米度越高，品质越好，价格越昂贵。（   ）

三、简答题

1. 如何对葡萄酒进行品质鉴别？
2. 啤酒如何进行分类？
3. 中国名优黄酒有哪些？
4. 日本清酒的特点有哪些？

第八章

蒸馏酒

第一节　中国白酒

> **学习目标**
> 1. 了解中国白酒的起源。
> 2. 了解中国白酒的命名方式。
> 3. 了解中国白酒的产地、香型及代表酒。

一、中国白酒的起源

有关中国白酒的起源,有多种说法,尚未有定论。公元前3世纪的《吕氏春秋》中有"仪狄作酒"的记载,说酒是仪狄发明的。西汉刘向编订的《战国策》说得更具体:"昔者,帝女令仪狄作酒而美,进之禹,禹饮而甘之。"这说明酒进入中国人的生活已有4000~5000年的历史了。从山东大汶口文化遗址和龙山文化遗址中发现的许多酒具(如樽、高脚杯、小壶等酒器)也说明了这一点。我国早期的酒,多是不经蒸馏的酿造酒,直到后期才出现蒸馏酒。唐代诗人白居易的"荔枝新熟鸡冠色,烧酒初开琥珀香"的诗句,说明至少不晚于唐朝时已有了烧酒,即蒸馏酒。明代名医李时珍所著《本草纲目》中记载:"烧酒非古法也,自元时始创其法。用浓酒和糟入甑(蒸锅),蒸令气上,用器承取滴露。"这里不但讲了烧酒产生的年代,而且还讲述了其制作方法。由此可见,中国白酒的酿造已有很长的历史。

二、中国白酒的特点

中国白酒是世界著名的七大蒸馏酒之一(其余六种是白兰地、威士忌、朗姆酒、伏特加、龙舌兰和金酒)。与世界其他国家的白酒相比,中国白酒具有无色透明、醇香郁烈、余香不尽、甘润清冽、酒体谐调、变化无穷的特点,给人极大的欢愉和享受。中国白酒的酒精浓度早期很高,在世界其他国家是罕见的。

三、中国白酒的命名

中国白酒的命名方式基本有五种。

1.以人名命名

以人名命名的白酒如陕西省太白酒,取名自著名诗人李白,同样使用这个名字的还有重庆的诗仙太白酒;山东曲阜孔府家酒,取名自著名思想家、教育家孔子,同样使用这个名字的还有孔府宴酒;河南洛阳的杜康酒,取自古代酒祖杜康,同样使用这个名字的还有汝阳杜康酒等。如果仔细搜索,我们会发现,中国古代很多与酒有关的,甚至与白酒无关的历史名人,已经悉数成为白酒商标了,如曹操、杜甫、诸葛亮(酿)等。

2.以地名命名

目前来看,中国白酒运用比较多的是以地名命名。如中国名酒中,茅台酒是以地名命名,位于贵州省遵义市茅台镇;古井贡酒是以地名命名,位于安徽省亳州市;泸州老窖是以地名命名,位于四川省泸州市;洋河大曲是以地名命名,位于江苏省泗洪县洋河镇;剑南春是以地名命名,位于四川省绵竹市;武陵酒是以地名命名，位于湖南省常德市；宝丰酒是以地名命名，位于河南省平顶山市。还有很多著名的白酒企业都是以地名命名，如河套老窖、宁城老窖、北大荒、衡水老白干等。这些著名白酒企业品牌以地名命名不是偶然，这反映了中国白酒传统地域文化的特征。

3.以历史文化与历史事件命名

以历史文化与历史事件命名的白酒，如仰韶酒、双沟醉猿已经成为中国白酒著名品牌；水井坊也是由于成都的一次考古发现而得名。中国历史上几个盛世王朝也都成为中国白酒商标注册名，如盛世唐朝，被重庆诗仙太白酒注册，唐朝中的贞观、天宝、开元等年号也已经被白酒企业注册，甚至于中国历史朝代中的周、秦、汉、唐、元、宋、明、清等都成为中国白酒商标。这些历史文化以及历史事件，往往具有非常丰富的文化内涵，与酒文化相得益彰。

4.以中国传统哲学与传统文化命名

中国有很多民俗文化与哲学沉淀，这些民俗文化与哲学沉淀在一定意义上成为近年来中国白酒品牌的命名方向。如著名白酒品牌"金六福"，将中国的"福"文化演绎到了极致；如著名白酒品牌"今世缘"，将中国的"缘"文化带入寻常白酒消费中；如江苏分金亭酒业的"喜日子"，将"中国喜"传遍天下等。

5.以原料命名

中国白酒一直有使用原料命名的传统，特别是五粮液的带动作用，原料命名更是盛极一时。如四川的五斗粮、湖北的稻花香、甘肃的九粮液、陕西的三粮液等。

四、中国著名白酒

1.茅台酒

茅台酒（见图8-1-1）产于贵州省遵义市仁怀市茅台镇，因产地而得名。茅台镇具有极特殊的自然环境和气候条件。它位于贵州高原最低点的盆地，海拔仅440米，远离高原气流，终日云雾密集。这里夏日持续35～39℃的高温期长达5个月，一年有大半时间笼罩在闷热、潮湿的雨雾之中。这种特殊气候、水质、土壤条件，对于酒料的发酵、熟化非常有利，同时也对影响茅台酒中香气成分的微生物的产生、增减起到决定性的作用。可以说，如果离开这里的特殊气候条件，酒中有些香气成分就根本无法产生，酒的味道也就欠缺了。这就是长期以来，茅台镇周围地区或全国部分酱香型酒厂极力仿制茅台酒，却不得成功的原因。

图8-1-1

茅台酒已有800多年的历史，是我国大曲酱香型酒的鼻祖，它以独特的色、香、味为世人称颂，以清亮透明、醇香回甜而闻名天下，誉满全球。据分析，茅台酒中含有70多种成分，它所具有的独特"茅香"，香气扑鼻，令人陶醉。若开怀畅饮，满口生香，饮后空杯，留香不绝。

2. 五粮液

万里长江第一城——酒都宜宾，是中国酒文化的重镇。宜宾非常适合种植糯稻、米稻、玉米、小麦、高粱等作物，这些正是酿造五粮液的主要原料。这里雨热同季、气候温和、空气湿润，适宜酿酒所需微生物的生长，有道是"川酒甲天下，精华在宜宾"。

宜宾的酒文化具有2000多年的历史，五粮液就是中国酒文化的重要体现。五粮液最初酒精浓度为60%，后来降低了酒精浓度，生产出酒精浓度52%的酒液，之后再次降低到39%，仍具有酒香浓郁、口味柔和甘美、醇厚净爽、各味协调的特点，深受消费者欢迎（见图8-1-2）。

图8-1-2

3. 泸州老窖特曲

泸州老窖特曲产于四川泸州老窖酒厂，于1952年被国家确定为浓香型白酒的典型代表。

泸州老窖特曲以糯米、高粱为主要原料，用小麦制曲，选用沱江水和龙泉井水发酵而成，具有醇和浓香、味甜回味绵长的特点。泸州老窖特曲（大曲）是中国最古老的四大名酒之一，被誉为"浓香鼻祖""酒中泰斗"（见图8-1-3）。

图8-1-3

4. 汾酒

山西汾酒产于山西省汾阳市杏花村，虽是酒精浓度60%的高度烈酒，却没有强烈刺激的口感，是我国清香型白酒的典型代表（见图8-1-4）。汾酒素以入口绵、落口甜、饮后余香、回味悠长的特色而著称于世，在国内外消费者中享有较高的知名度、美誉度和忠诚度。

汾酒有着4000多年的悠久历史，历史上，汾酒曾经经历了三次辉煌：1500年前的南北朝时期，汾酒作为宫廷御酒受到北齐武成帝的极力推崇，被载入《北齐书》，使汾酒一举成名；晚唐时期，大诗人杜牧一首《清明》诗吟出千古绝唱"借问酒家何处有，牧童遥指杏花村"，这是汾酒的二次成名；1915年，在巴拿马万国博览会上，汾酒获甲等奖章，为国争光。

图8-1-4

5. 古井贡酒

古井贡酒产于安徽省亳州市古井酒厂。古井贡酒选用淮北平原生产的上等高粱，以大麦、小麦、豌豆制曲，酒液清澈透明，属于浓香型白酒，酒精浓度有60%、55%、38%三种（见图8-1-5）。其风格独特，酒味醇和甘润，回味悠长。

亳州是东汉曹操的家乡，曹操在东汉末年曾使用该县已故县令家传的"九酝法"酿出"九酝春酒"。据当地史志记载，该地酿酒取用的水来自南北朝时遗存的一口古井。自明代万历年间起，当地的美酒又曾进贡皇家，因而就有了"古井贡酒"这一美称。

图8-1-5

6. 洋河大曲

洋河大曲是江苏省泗阳县洋河酒厂股份有限公司所产，至今已有三四百年的历史，曾被列为中国八大名酒之一。

洋河大曲以产地而得名，属浓香型大曲酒，是以优质高粱为原料，辅以闻名遐迩的美人泉水精工酿制而成，形成了"甜、绵、软、净、香"的独特风格（见图8-1-6）。其酒精浓度分别有55%、48%、38%等。有诗人称赞："洋河美人泉，佳酿醉神州。"

图8-1-6

7. 双沟大曲

双沟大曲产于江苏省泗洪县双沟镇。双沟大曲以优质高粱为原料，并以品质优良的小麦、大麦、豌豆等制曲，采用传统混蒸工艺，经人工老窖长期适温缓慢发酵分层出酒醅配料，适温缓慢蒸馏，分段品尝截酒，分级密闭储存，经过精心勾兑和严格的检验合格后包装出厂（见图8-1-7）。

双沟大曲以色清透明、香气浓郁、风味纯正、入口绵甜、尾净余长等特点著称，在历届展评会上也都获得不少奖项，2001年荣获"中国十大文化名酒"称号。

图8-1-7

8. 剑南春

剑南春产于四川省绵竹市，因绵竹在唐代属剑南道，故取名"剑南春"。绵竹素有酒乡之称，这里也是川酒发源地之一。绵竹市因产竹产酒而得名。

图8-1-8

剑南春以高粱、大米、糯米、玉米等为原料，采用小麦制曲，严格采取传统工艺，在千年老窖中采用固态发酵法制成，窖香浓郁，浑然天成，酒精浓度有60%、52%、38%等多种。其酒色透明，口味清洌、醇和回甜，余香悠长，具有独特的风格（见图8-1-8）。

9. 西凤酒

西凤酒产于陕西省宝鸡市凤翔区柳林镇西凤酒厂。从自古至今，民间有"柳林的酒，姑娘的手"的赞誉，"柳林酒"即指西凤酒。"佳酿西凤誉满天，香飘万里醉半山"，西凤酒属清香型（凤型），曾四次被评为国家名酒。

西凤酒以当地特产高粱为原料，采用城西北著名的凤凰泉水，以大麦、豌豆制曲，采用传统的续糟发酵法酿制而成。西凤酒酒精浓度有65%、55%、52%、48%、38%等多种，酒液清澈透明，口味香醇馥郁，饮后回甘（见图8-1-9）。

图8-1-9

10. 董酒

董酒产于贵州省遵义市,它不仅是中国老八大名酒,也是贵州省仅有的两大国家级名酒之一。

董酒的香型既不同于浓香型,也不同于酱香型,而属于其他香型。该酒的生产方法独特,将大曲酒和小曲酒的生产工艺融合在一起,分级陈酿,科学勾兑,严格检验,精心包装后出厂。董酒酒精浓度有58%、38%等多种,喝起来既有大曲酒的浓郁芳香,又有小曲酒的柔绵、醇和、回甜,还有微微的、淡雅舒适的药香和爽口的微酸,酒体丰满协调,酒液清澈透明,香气幽雅舒适,入口醇和浓郁,饮后甘美味长(见图8-1-10)。

图8-1-10

第二节 白兰地

❊ 学习目标

1. 掌握白兰地的特点。
2. 掌握白兰地的著名品牌及其特点。

一、白兰地概述

白兰地一词是从荷兰语"Brandewijn"而来,意思为"燃烧的葡萄酒"。凡是用果实为原料,经过发酵、蒸馏等过程酿造而成的酒,都统称为白兰地。但现在,我们所称的Brandy(白兰地)专指将葡萄通过发酵再蒸馏制成的酒，放在橡木桶内经过长时间陈酿工艺而制成。而以其他水果为原料，通过同样的方法制成的酒，常在白兰地酒前面加上水果原料的名称以区别其种类，如苹果白兰地、樱桃白兰地。

二、白兰地的特点

白兰地属于蒸馏酒，法国人称它为"生命之水"，在众多的白兰地酒中，法国干邑白兰地品质最佳，被誉为"白兰地之王"。白兰地的酒精浓度在40%～43%，酒液因为长期在橡木桶中陈酿，呈琥珀色，味道也逐渐变得香醇。

白兰地酒酿造工艺精湛，特别讲究陈酿的时间和勾兑的技艺。白兰地的最佳酒龄为20～40年，干邑地区厂家贮存在橡木桶中的白兰地，有的长达70年之久。勾兑师利用不同年限的酒，按世代相传的秘方进行精心调配勾兑，创造出不同品质、不同风格的白兰地。

三、著名白兰地

（一）法国白兰地

1. 干邑白兰地

众所周知，白兰地最著名的产地当属法国，然而当人们提到极品白兰地的时候，不是泛指法国白兰地，而是指干邑白兰地。

干邑白兰地酒体呈琥珀色，清亮透明，口感丰富，风格豪迈，特点十分独特，酒精浓度为43%。

干邑白兰地的原料选用的是圣埃美隆（Saint-Emilion）、哥伦巴（Colombard）、白福尔（Folle Blanche）三个著名的白葡萄品种，以夏朗德壶式蒸馏器经两次蒸馏，再盛入新橡木桶内储存，一年后，移至旧橡木桶，以避免吸收过多的单宁。

酒标：法国政府为了保证酒的质量，将干邑白兰地分为三级，用星号多少来表示。

第一级为V.S，也称三星白兰地，酒龄至少两年半以上，属于普通型白兰地。

此为轩尼诗公司于1811年首创的表示方法。这种三星白兰地曾经盛行一时，但是由于星的多少无法代表储存的年份，当星的个数从1颗发展到5颗时，就不得不停止加星。20世纪70年代时，开始使用字母来分别酒质，具体如下：

E代表Especial（特别的）；

F代表Fine（好）；

O代表Old（老的）；

S代表Superior（上好的）；

P代表Pale（淡的）；

X代表Extra（格外的）；

C代表Cognac（干邑）。

第二级都是用法文的大写字母来代表酒质优劣，例如V.S.O.P意思是Very Superior Old Pale，酒龄至少四年半，属于中档干邑白兰地。

第三级为Luxury Cognac，酒龄至少六年，属于精品干邑。凡是酒龄在六年半以上的称为X.O，意思是特醇；凡是酒龄大于20年的称为顶级（Paradis），或者路易十三（Louis XIII）。一瓶酒的年份及价值，除了用等级标志，还可以从商标的等级上反映出来，因为只有历史悠久的酒厂才会有存储年份很久的老龄酒，酒厂要保持自己的品牌信誉，也只有以保持质量来赢得顾客的信任。

著名的干邑白兰地品牌包括马爹利（Martell）、轩尼诗（Hennessy）、人头马（Remy Martin）、百事吉（Bisquit）等。其中，马爹利、轩尼诗、人头马和拿破仑被公认为干邑的四大经典品牌，代表了干邑的顶级水平（见图8-2-1～图8-2-4）。

图8-2-1

图8-2-2

图8-2-3

图8-2-4

2.雅邑白兰地（Armagnac）

雅邑位于干邑南部，即法国西南部的热尔省（Gers）境内，以产深色白兰地驰名，虽没有干邑著名，但风格与其很接近。

雅邑白兰地酒体呈琥珀色，发黑发亮，因储存时间较短，所以口味烈。陈年的雅邑白兰地酒香袭人，其风格稳健沉着，醇厚浓郁，回味悠长。

雅邑白兰地的名品有卡斯塔浓（Castagnon）、夏博（Chabot）（见图8-2-5）、珍尼（Janneau）、索法尔（Sauval）、桑卜（Semp）等。

图8-2-5

（二）其他国家的白兰地

1. 西班牙白兰地

除法国以外，西班牙白兰地质量也很好。有些西班牙白兰地是用雪莉酒蒸馏而成的。目前许多西班牙白兰地是用各地产的葡萄酒蒸馏混合而成。此酒在味道上与干邑白兰地和雅邑白兰地有显著的不同，味较甜而带土壤味。

2. 美国白兰地

美国白兰地大部分产自加利福尼亚州，它是以加利福尼亚州产的葡萄为原料，发酵蒸馏至85proof，储存在橡木桶中至少2年，有的加焦糖调色而成。

3. 秘鲁白兰地

秘鲁生产白兰地的历史相当久远。在当地一般不把这种酒称为白兰地，而叫它皮斯科（Pisco），是以秘鲁南方的港口名命名的。

秘鲁白兰地是采用皮斯科港口附近的伊卡尔山谷中栽培的葡萄为原料，酿成白葡萄酒后，再蒸馏而成。它采用陶罐储存，不使用橡木酒桶，而且储存期限很短。

除此之外，葡萄牙、德国、希腊、澳大利亚、南非、以色列、意大利、日本等国也生产优质白兰地。

知识链接

白兰地是人们无意中生产出来的。16世纪初，法国的夏朗德河（Charente）的码头拉罗谢尔（La Rochelle）因交通方便，成为酒类出口的商埠。由于当时整箱葡萄酒占船的空间很大，于是法国人便想出了双蒸馏的办法，去掉葡萄酒中的水分，提高葡萄酒的纯度，减少占用空间以便于运输，这就是早期的白兰地。1701年，法国卷入了西班牙王位继承战争，白兰地销路大减，酒被积存在橡木桶内。战争结束后，人们发现储存在橡木桶内的白兰地酒质更醇，芳香浓郁，呈晶莹的琥珀色。于是，真正的白兰地就此诞生了。

第三节 威士忌

✽ 学习目标 ✽

1. 掌握威士忌的特点。
2. 了解著名威士忌产区、著名品牌及其特点。

一、威士忌概述

威士忌是世界名酿，是一种只用谷物作为原料、含酒精的饮料，属于蒸馏酒，据说是古代居住在爱尔兰和苏格兰高地的凯尔特人发明的。很多人喜欢净饮威士忌；有些人在古典杯里先放上一些冰块，再把威士忌淋在冰块上，然后饮用；也有人在威士忌中加入苏打水或矿泉水后饮用。威士忌可作为调制鸡尾酒的基酒，用它调制的多种鸡尾酒色、香、味俱佳。

威士忌不仅酿造历史悠久，酿造工艺精良，而且产量大，市场销量高，深受消费者的欢迎，是世界上最著名的蒸馏酒品种之一，同时也是酒吧单杯"纯饮"销售量最大的酒水品种之一。

二、威士忌种类

（一）苏格兰威士忌

苏格兰威士忌是指在苏格兰地区生产酿造的威士忌。苏格兰威士忌按原料和酿造方法不同可分为麦芽威士忌、谷物威士忌和调合威士忌三种类型。

只用大麦作原料酿制而成的蒸馏酒叫纯麦芽威士忌。它使用最复杂的传统工艺酿造，要求极为严格，往往成本高而产量小，口味浓重而富有个性。

谷物威士忌采用多种谷物作为酿酒的原料，如燕麦、黑麦、大麦、小麦、玉米等。它的口味偏淡，产量大而投入成本低，往往是廉价威士忌的选择。

调合威士忌就是以特殊方式将麦芽与谷物威士忌调和而成，表现不尽相同，又称兑和威士忌。调和是一门技术性很强的工作，威士忌的勾兑掺和比例和方法是由调酒师掌握的。调和时，不仅要考虑到纯麦芽威士忌和谷物威士忌酒液的比例，还要考虑到各种勾兑酒液陈酿年龄、产地、口味等其他特性。

苏格兰威士忌起码要储存8年以上，15～20年为最优质的成品酒，超过20年的品质会下降。其产品有独特的风格，色泽棕黄带红，清澈透明，气味焦香，带有一定的烟熏味，具有浓厚的苏格兰乡土气息。苏格兰威士忌具有口感干冽、醇厚、劲足、圆润、绵柔的特点，是世界上最好的威士忌酒之一。衡量苏格兰威士忌的主要标准是嗅觉感受，即酒香气味。它的工艺特征是使用当地的泥煤为燃料烘干麦芽，再粉碎、蒸煮、糖化、发酵后，经壶式蒸馏器蒸馏，产生酒精浓度70%左右的无色威士忌，再装入内部烤焦的橡木桶内，储藏5年甚至更长时间。有很多品牌的威士忌储藏期超过了10年。最后经勾兑混配后调制成酒精浓度在40%左右的成品方可出厂。

苏格兰威士忌的主要品牌产品如下。

1. 百龄坛（Ballantine's）

百龄坛公司创立于1827年，其产品以产自苏格兰高地的八家酿酒厂生产的纯麦芽威士忌为主，再配以42种其他苏格兰麦芽威士忌，然后与自己公司生产酿制的谷物威士忌进行混合勾兑调制而成，具有口感圆润、浓郁醇香的特点，是世界上最受欢迎的苏格兰调和威士忌之一（见图8-3-1）。其产品有特醇、金玺、12年、17年、30年等多个品种。

2. 金铃（Bell's）

金铃威士忌是英国最受欢迎的威士忌品牌之一，由创立于1825年的贝尔公司生产。其产品都是使用极具平衡感的纯麦芽威士忌为原酒勾兑而成，产品有Extra Special（标准品）、Bell's Deluxe（12年）、Bell's Decanter（20年）、Bell's Royal Reserve（21年）（见图8-3-2）等多个级别。

图8-3-1

图8-3-2

3. 芝华士（Chivas Regal）

芝华士威士忌由创立于1801年的芝华士兄弟公司生产。Chivas Regal的意思是"Chivas 家族的王者"。其产品有芝华士12年（Chivas Regal 12）（见图8-3-3）、芝华士18年、芝华士25年、皇家礼炮（Royal Salute）等多种规格。

图8-3-3

4. 顺风（Cutty Sark）

顺风威士忌诞生于1923年，是具有现代口感的清淡型苏格兰调合威士忌。该酒酒性比较柔和，是国际上比较畅销的苏格兰威士忌之一。该酒采用苏格兰低地纯麦芽威士忌作为原酒与苏格兰高地纯麦芽威士忌勾兑调和而成，产品分为Cutty Sark（标准品）、Berry Sark（10年）、Cutty（12年）、St. James等品种（见图8-3-4）。

图8-3-4

5. 添宝（Dimple）

添宝威士忌是于1890年推出的苏格兰调合威士忌，具有金丝的独特瓶型和酿藏15年的醇香，口味独具一格，深受上层人士的喜爱（见图8-3-5）。

图8-3-5

6.格兰特（Grant's）

格兰特是苏格兰纯麦芽威士忌品牌格兰菲迪（Glenfiddich，又称鹿谷）的姊妹酒，均由英国威廉·格兰特父子有限公司出品。格兰特牌威士忌给人的感觉是爽快和辛辣，在世界上具有较高的知名度。其标准品为Standfast（意为其创始人威廉·格兰特常说的一句话"你奋起吧"），另外还有格兰特世纪酒（Grant's Centenary）以及皇家格兰特（Grant's Royal，12年陈酿）和格兰特21年极品威士忌（Grant's 21）等多个品种（见图8-3-6）。

图8-3-6

此外，比较著名的苏格兰调合威士忌品牌还有海格（Haig）、珍宝（J&B）、克雷蒙（Claymore）、克利迪欧（Criterion）、笛沃（Dewar）、登喜路（Dunhill）等。

（二）爱尔兰威士忌

爱尔兰威士忌是在爱尔兰地区生产，以大麦、燕麦、小麦和黑麦为原料，经过蒸馏酿造的威士忌。爱尔兰威士忌经过三次蒸馏，然后装入木桶老熟陈酿，一般陈酿8～15年。爱尔兰威士忌著名品牌主要有以下几种。

1.尊美醇（John Jameson）

尊美醇威士忌创立于1780年爱尔兰都柏林，是爱尔兰威士忌酒的代表。其标准品John Jameson具有平润清爽的风味，是世界各地的酒吧常备酒品之一（见图8-3-7）；Jameson 1780 12年威士忌酒口感十足、甘醇芬芳，是极受人们欢迎的爱尔兰威士忌名酒。

图8-3-7

2.布什米尔（Bushmills）

布什米尔威士忌以酒厂名字命名，创立于1784年，该酒以精选大麦制成，生产工艺较复杂，有独特的香味，酒精浓度为43%，分为Bushmills、Black Bush、Bushmills Malt（10年）三个级别（见图8-3-8）。

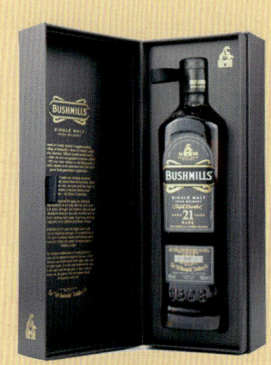

图8-3-8

3.特拉莫尔露（Tullamore Dew）

该酒以酒厂名命名，创立于1829年，酒精浓度为43%（见图8-3-9）。其标签上描绘的狗代表着牧羊犬，是爱尔兰的象征。

图8-3-9

（三）美国威士忌

美国是生产威士忌酒的主要国家之一，同时也是世界上最大的威士忌酒消费国，它的主要生产地在肯塔基州的波本地区，所以美国威士忌也被称为波本威士忌。波本威士忌的主要原料是玉米、大麦等，经过发酵蒸馏后，至少要在木桶内陈酿2年，大多数是4年，最多不超过8年。

美国威士忌的主要品牌有：四玫瑰（Four Roses）、吉姆·比姆（Jim Beam）、老泰勒（Old Taylor）、杰克·丹尼（Jack Daniel's）等（见图8-3-10～图8-3-13）。

图8-3-10　　　　　图8-3-11　　　　　图8-3-12　　　　　图8-3-13

（四）加拿大威士忌

加拿大威士忌的主要原料是玉米和黑麦，在装瓶前进行勾兑和掺和。酒液清香芬芳，口感轻快、爽适，酒体丰满而优美，以淡雅的风格著称。其主要品牌有：施格兰皇冠（Seagram's Crown Royal）、施格兰特醇（Seagram's V.O）（见图8-3-14）、加拿大俱乐部（Canadian Club）（见图8-3-15）、加拿大之雾（Canadian Mist）等。

图8-3-14　　　　　　　　图8-3-15

第四节　伏特加

❋学习目标❋

1. 掌握伏特加的特点。
2. 了解伏特加的著名品牌及其特点。

一、伏特加概述

伏特加是一种经蒸馏处理的酒精饮料，是俄罗斯具有代表性的烈性酒，在北欧寒冷地区十分流行。

伏特加最初是用小麦、黑麦、大麦等原料酿制而成，18世纪以后，就开始采用土豆和玉米等原料酿制。它是由水和经蒸馏净化的乙醇合成的透明液体，一般都经过多重蒸馏，从而达到更纯、更美味的效果。市面上品质较好的伏特加一般是经过三重蒸馏。如果要制作有味道的伏特加，会加入适量的调味料。伏特加的酒精浓度通常是35%～50%不等。

二、伏特加的种类

（一）俄罗斯伏特加

俄罗斯伏特加最初的原料为大麦，后来逐渐改用含淀粉的玉米、土豆。伏特加酿造酒醪和蒸馏原酒的过程与其他蒸馏酒并无特殊之处，区别在于伏特加要进行高纯度的酒精提炼，达到190proof，即相当于95%的酒精浓度，经再次蒸馏精炼后注入白桦活性炭过滤槽中，进行缓慢的过滤，以使精馏液与活性炭分子充分接触而净化，将原酒中包含的酸类、醛类、醇类及其他微量物质去除，便得到了纯粹的伏特加，它不需要陈酿。

俄罗斯伏特加酒液透明，除酒香外几乎没有其他香味，口味凶烈，劲大冲鼻，感受到火一般的刺激，但饮后绝无上头的感觉。

俄罗斯伏特加酒名品有吉宝伏特加（Imperial Collection）、波士伏特加（Bolskaya）、斯大卡（Starka）、俄罗斯卡亚（Kusskaya）等（见图8-4-1～图8-4-5）。

图8-4-1

图8-4-2

图8-4-3

图8-4-4

图8-4-5

（二）波兰伏特加

波兰伏特加在世界上颇具盛名。

波兰伏特加的酿造工艺与俄罗斯伏特加相似，区别只是波兰伏特加在酿造过程中，加入了草卉、植物果实等调香原料，所以波兰伏特加比俄罗斯伏特加酒体更丰富。名品有蓝牛（Blue Rison）、维波罗瓦红牌38%（WYBOROWA）、朱波罗卡（Zubrowka）等（见图8-4-6、图8-4-7）。

图8-4-6

图8-4-7

（三）法国伏特加

法国灰雁伏特加（Grey Goose）为广受欢迎的奢华伏特加，出产于法国干邑区。该酒主要选用小麦和天然山泉，配合独特工艺酿造而成具有饱满圆滑并带有微甜香气的口感，回味悠长（见图8-4-8）。

图8-4-8

第五节　朗姆酒

✽ 学习目标 ✽

1. 了解朗姆酒的特点。
1. 了解朗姆酒的代表品牌。

一、朗姆酒概述

朗姆酒是用甘蔗酿制而成的。一般是先将甘蔗榨汁，然后熬煮使之变浓至黏稠，再经过发酵、蒸馏，在橡木桶中陈酿而成。

朗姆酒主要产于甘蔗及蔗糖的产区，如牙买加、古巴、海地、多米尼加、波多黎各、圭亚那等国家，其中以牙买加、古巴生产的朗姆酒最有名。朗姆酒的质量由陈酿时间决定，市面上销售的通常为陈酿3～7年。朗姆酒的酒精浓度一般为38%～40%。

根据不同的原料和酿制方法，朗姆酒可分为白朗姆酒（White Rum）、淡朗姆酒（Light Rum）、强香朗姆酒（Great Aroma Rum）、老朗姆酒（Old Rum）、传统朗姆酒（Traditional Rum）等。

二、朗姆酒的代表品牌

朗姆酒的代表品牌主要有波多黎各的百加得（Bacardi），牙买加的摩根船长（Captain Morgan）、美雅士（Myers）等。

（一）百加得

1862年，唐·法卡多·百加得·马修在古巴购置了一个锡皮屋顶的酿酒小厂，以自己的名字"百加得"命名，并以蝙蝠作为商标，从此开始了百加得朗姆酒的"成名"之路。其产品经由陈年酿制，具有甘醇、清新的口感。它可以和任何软饮料调和，可以直接加果汁或者冰块后饮用，被誉为"随瓶酒吧"，是热门酒吧的首选品牌，一直被用来调制各种鸡尾酒（见图8-5-1）。

图8-5-1

（二）美雅士

美雅士是牙买加出产的优质朗姆酒，具有浓郁丰富的酒味，是选用陈酿5年以上、品质出众的朗姆酒调配而成（见图8-5-2），与汽水或柑橘酒混饮，配搭完美。

图8-5-2

（三）摩根船长

摩根船长朗姆酒与一般的朗姆酒不同，它使用了辣椒作为原料，并具有天然的香气（图8-5-3）。

图8-5-3

（四）马利宝（Malibu）

巴巴多斯的人们用岛上出产的甘蔗榨出的优质糖浆混合纯净的泉水，并用精选的酵母来促成发酵，最后加入椰汁和糖，这种略带甜味、有独特椰子口味的朗姆酒就这样诞生了（见图8-5-4）。相比较于其他烈酒，马利宝朗姆酒的酒精度偏低，所以口感独特而清醇，同时也容易和其他饮料混合饮用，与菠萝汁、橙汁、苏打水、矿泉水的配合都非常完美。

图8-5-4

（五）哈瓦那俱乐部（Havana Club）

作为古巴朗姆酒的杰出代表，哈瓦那俱乐部朗姆酒是古巴历史和文化不可或缺的一部分。经过古巴传统方法醇化的哈瓦那俱乐部朗姆酒呈现出清爽独特的口感和芳香（见图8-5-5）。

图8-5-5

三、朗姆酒的饮用

朗姆酒可以直接单独饮用，也可以与其他饮料混合制成好喝的鸡尾酒，在晚餐时作为开胃酒来喝，也可以在晚餐后喝。

在朗姆酒出产国和地区，人们大多喜欢喝纯朗姆酒，不加其他饮料调混。实际上这是品尝朗姆酒最好的方法。而在美国，朗姆酒一般用来调制鸡尾酒，用古典杯加冰饮用是常有的方式。朗姆酒的用途也很多，可用作甜点的调味品，在加工烟草时加入朗姆酒可以增加风味。

第六节 金酒

※ 学习目标 ※

1. 掌握金酒的特点。
2. 掌握金酒的主要生产国及著名品牌。

一、金酒概述

金酒,又名叫杜松子酒,最早由荷兰生产,在英国大量生产后闻名于世,是世界著名的烈酒。

金酒不用陈酿,但也有的厂家将原酒放到橡木桶中陈酿,从而使酒液略带金黄色。金酒的酒度一般在35%～55%,酒度越高,其质量就越好。

二、金酒的种类

金酒按口味可分为辣味金酒(干金酒)、老汤姆金酒(加甜金酒)、荷兰金酒和果味金酒(芳香金酒)4种。

辣味金酒口味较淡,清凉爽口,略带辣味,酒度在80～94proof之间。

老汤姆金酒是在辣味金酒中加入2%的糖分,使其带有怡人的甜辣味。

荷兰金酒除了具有浓烈的杜松子气味外,还具有麦芽的芬芳。

果味金酒是在干金酒中加入了成熟的水果和香料,如柑橘金酒、柠檬金酒、姜汁金酒等。

三、金酒主要生产国及著名品牌

比较著名的金酒有荷式金酒、英式金酒和美国金酒。

(一)荷式金酒

荷式金酒产于荷兰,产区集中在斯希丹(Schiedam)一带,是荷兰人的国酒。

荷式金酒是以大麦芽与裸麦等为主要原料,配以杜松子酶为调香材料,发酵后蒸馏3次获得谷物原酒,然后加入杜松子香料再蒸馏,最后将精馏而得的酒储存于玻璃槽中待其成熟,包装时再稀释装瓶。荷式金酒色泽透明清亮,酒香味突出,香料味浓重,辣中带甜,风格独特,无论是纯饮或加冰都很爽口,酒度为52%左右。因香味过重,荷式金酒只适于纯饮,不宜作为混合酒的基酒,否则会破坏配料的香味平衡。

荷式金酒在装瓶前不可储存过久,以免杜松子氧化而使味道变苦。而装瓶后则可以长时间保存而不降低质量。荷式金酒常装在长形陶瓷瓶中出售。

比较著名的酒牌有亨克斯(Henkes)、波尔斯(Bols)、波克马(Bokma)、邦斯马(Bomsma)(见图8-6-1),哈瑟坎坡(Hasekamp)。

图8-6-1

(二) 英式金酒

大约在17世纪，威廉三世统治英国时，发动了一场大规模的对法战争，参战的士兵将金酒由欧洲大陆带回英国。1702—1704年，当政的安妮女王对法国进口的葡萄酒和白兰地课以重税，而对本国的蒸馏酒降低税收。金酒因而成了英国平民喜爱的廉价蒸馏酒。另外，金酒的原料价格低廉，生产周期短，无须长期增储存，因此经济效益很高，不久就在英国流行起来。

著名的英式金酒品牌有英国卫兵（Beefeater）（见图8-6-2）、歌顿金（Gordon's）（图8-6-3）、吉利蓓（Gilbey's）等。

图8-6-2　　　　　　图8-6-3

(三) 美式金酒

美式金酒呈淡金黄色，因为它通常要在橡木桶中储存一段时间。美式金酒主要有蒸馏金酒（Distiled Gin）和混合金酒（Mixed Gin）两大类。通常情况下，美式的蒸馏金酒在瓶底部有"D"字，这是美式蒸馏金酒的特殊标志。混合金酒是用食用酒精和杜松子简单混合而成的，很少用于单饮，多用于调制鸡尾酒。

美式金酒品牌有哈拿金酒（Hana Bottle）、施格兰金酒（Seagram's）等。

(四) 其他国家的金酒

金酒的主要产地除荷兰、英国、美国以外，还有德国、法国、比利时等国家。

比较常见和著名的金酒有德国的辛肯哈根（Schinkenhager）、西利西特（Schlichte）、多享卡特（Doornkaat），比利时的布鲁克人（Bruggman）、菲利埃斯（Filliers）、弗兰斯（Fryns）、海特（Herte）、康坡（Kampe）、万达姆（Vanpamme），法国的克丽森（Claessens）、罗斯（Loos）、拉弗斯卡德（Lafoscade）等。

四、金酒的饮用

荷式金酒的饮法比较多，在东印度群岛流行在饮用前用苦精（Bitter）洗杯，然后注入荷兰金酒，大口快饮，痛快淋漓，具有开胃的功效，饮后再饮一杯冰水，更是美不胜言。

荷式金酒加冰块，再配以一片柠檬，就是世界名饮干马丁尼（Dry Martini）的最好代用品。

英式干金酒可以冰镇后纯饮，也可以用来调制鸡尾酒，如红粉佳人、金菲士、金汤尼等。

第七节　龙舌兰酒

✱学习目标✱

1. 掌握龙舌兰酒的特点。
2. 了解龙舌兰酒的品牌。

一、龙舌兰酒概述

龙舌兰酒产于墨西哥，生产原料是一种叫作龙舌兰（Agave）的植物。

龙舌兰酒口感浓烈，出厂时酒精浓度一般为40%～50%，常用作鸡尾酒的基酒。

二、龙舌兰酒的分类

根据龙舌兰酒的颜色，可以将其分为白色和金色两种。

（1）白色龙舌兰酒：酒液无色，又称银色龙舌兰，无须熟化，为非陈年酒。

（2）金色龙舌兰酒：酒液呈金黄色，为短期陈酿酒，要求在橡木桶中储存2～4年，以增添色泽和风味。

三、龙舌兰酒主要品牌

（一）金快活

金快活是世界著名的龙舌兰酒品牌，是世界上最大的龙舌兰酒生产商，产品有珍藏龙舌兰酒（Jose Cuervo Especial Tequila）（见图8-7-1）和豪帅白金快活（Jose Cuervo Clasico Tequila）等。

图8-7-1

（二）索查

索查（Sauza）龙舌兰酒于1873年诞生，为墨西哥著名品牌，采用最好的蓝色龙舌兰搭配传统的生产技术，是第一个外销美国的龙舌兰品牌。其酒精浓度为40%，口感清淡柔和，色香味俱佳，是最受当地人青睐的酒饮（见图8-7-2）。

图8-7-2

(三) 雷博士

雷博士（Pepe Lopez）是产于墨西哥哈利斯科州的一种龙舌兰酒，采用种植超过8年的珍贵龙舌兰作为主要原料，经双重蒸馏，确保酒香浓郁，酒精浓度为40%（见图8-7-3）。雷博士龙舌兰酒在1998年击败众多对手获得世界龙舌兰酒大奖，并得到墨西哥政府质量和原产地认可奖章。

图8-7-3

(四) 奥美加

奥美加龙舌兰酒（Olmeca Tequila）选用采摘自墨西哥高原的龙舌兰作为原料，经过二次蒸馏工艺提炼而成，具有柔和的色泽和新鲜的柠檬清香（见图8-7-4）。

图8-7-4

(五) 懒虫龙舌兰

懒虫龙舌兰酒（Camino Real）选用天然优质的墨西哥龙舌兰酿制而成。它缤纷的色彩和独特而个性化的包装，显露出的浪漫和激情让人难以抵挡（见图8-7-5）。

图8-7-5

其他著名龙舌兰酒品牌还有斗牛士（EI Toro）、欧雷（Ole）、马里亚奇（Mariachi）、龙舌兰安乔（Tequila Aneio）。

四、龙舌兰酒的饮用

龙舌兰酒常用于净饮。最传统的喝法是先在手背上倒些海盐末来吸食，然后用腌渍过的辣椒干、柠檬干佐酒，恰似火上浇油，美不胜言。

另一种饮用方式为，一手执杯龙舌兰酒，一手拿半片柠檬，用手指沾些食盐，然后挤出柠檬汁放入口中，再喝一口龙舌兰酒，这种饮法有利于消暑。

另外，龙舌兰酒也常作为鸡尾酒的基酒，可调制墨西哥日出（Tequila Sunrise）、玛格丽特（Margarite）等鸡尾酒，深受广大消费者喜爱。

课后练习

一、填空题

1. 茅台酒的香型是_____，产地是_____。

2. 我国清香型的酒的代表是_____酒，该酒具有酒液清澈_____、气味_____，入口醇绵，落口的特点，素有_____、_____、_____"三绝"之美称。

3. 采用"美人泉"优质饮水，以优质高粱为原料酿制而成的酒是_____，以"千年老窖万年糟"中的老窖发酵制成的酒是_____。

4. 所谓烈酒是指_____，它有很多种类，根据所使用的原料和各国生产、饮用的习惯来分，可分为_____、_____和_____。但在餐厅酒吧和销售部门则习惯于把烈酒分为六大类：金酒、白兰地、威士忌、_____、_____和_____。

5. 金酒又叫_____，最先由_____生产，在_____生产后闻名于世，是世界著名的_____。

6. 世界上最著名的最具有代表性的威士忌分别是_____、_____、_____和_____四大类。

7. 威士忌起码要储存_____以上，储存_____的为最优质的成品酒，超过_____的质量会下降。

8. 白兰地是以_____作原料，在_____的基础上蒸馏而成的。

9. _____是世界上首屈一指的白兰地生产国，其中以_____地区所产的白兰地最醇、最好,有人将此地产白兰地称为"_____"。

二、选择题

1.（　　）适宜于单饮,不宜作鸡尾酒的基酒。
　　A.英国金酒　　　　B.荷兰金酒　　　　C.威士忌　　　　D.白兰地

2.（　　）的储存年限越长越好。
　　A.洋酒　　　　　　B.黄酒　　　　　　C.白酒　　　　　D.啤酒

3.（　　）酒具有橡木的芳香味和烟熏味。
　　A.苏格兰威士忌　　B.爱尔兰威士忌　　C.美国威士忌　　D.加拿大威士忌

4.（　　）在装瓶出售时,在瓶身上或标贴上标示其酒的陈酿程度。
　　A.白兰地　　　　　B.威士忌　　　　　C.金酒　　　　　D.伏特加

5.X.O是指（　　）陈的白兰地。
　　A.70年　　　　　　B.50年　　　　　　C.40年　　　　　D.20~40年

6.山西汾酒属（　　）型。
　　A.浓香型　　　　　B.清香型　　　　　C.米香型　　　　D.酱香型

7.（　　）是将经过发酵的水果或谷物等酿酒原料加以蒸馏提纯酿制而成的含有酒精的饮料。
　　A.蒸馏酒　　　　　B.发酵酒　　　　　C.配制酒　　　　D.混合酒

8.蒸馏酒可分为果类、谷物类和（　　）。
　　A.果杂类　　　　　B.蔬菜类　　　　　C.香草类　　　　D.奶油类

9.以下哪项不是酿造威士忌酒的原料？（　　）
　　A.大麦　　　　　　B.燕麦　　　　　　C.玉米　　　　　D.葡萄

10.威士忌的主要生产国为（　　）。
　　A.法语国家　　　　B.英语国家　　　　C.葡语国家　　　D.美语国家

11.具有特殊的烟熏味道、气味焦香的威士忌产自（　　）。
　　A.苏格兰　　　　　B.爱尔兰　　　　　C.美国　　　　　D.加拿大

12.（　　）是加拿大威士忌的著名品牌。
　　A.加拿大俱乐部　　B.普莱特·沃雷　　C.四玫瑰　　　　D.老泰勒

13.以下哪项不是干邑白兰地的品牌？（　　）
　　A.轩尼诗　　　　　B.马爹利　　　　　C.夏博　　　　　D.人头马

14.金酒起源于（　　）。
　　A.英国　　　　　　B.法国　　　　　　C.荷兰　　　　　D.美国

15.金酒是一种以谷物为主要原料,配以各种香料尤其是（　　）蒸馏出来的蒸馏酒。
　　A.龙舌兰　　　　　B.甘蔗糖浆　　　　C.香草　　　　　D.杜松子

16.（　　）是世界销量第一的朗姆酒品牌。
　　A.美雅士　　　　　B.朗立可　　　　　C.奇峰　　　　　D.百加得

17.伏特加是一种（　　）的蒸馏酒。
　　A.纯度较高　　　　B.纯度较低　　　　C.酒精浓度较低　D.有色

18.除干邑地区之外,法国另一个世界级的白兰地酒产区是(　　)
　　A.普罗旺斯　　　　B.阿尔萨斯　　　　C.雅邑　　　　D.波尔多

三、简答题

1.什么是蒸馏酒?国际六大蒸馏酒分别是指哪些酒?

2.国际两大白兰地著名产区分别是哪里?各有何特色?各有哪些国际知名品牌?

3.世界四大威士忌产区(国)分别是哪里?在生产工艺上各有什么特色?各有哪些代表品牌?

4.伏特加的基本种类有哪些?其主要生产国及品牌分别有哪些?

5.常见朗姆酒的分类方法有哪些?试列举其代表品牌。

6.金酒的基本种类有哪些?其主要生产国和品牌分别有哪些?

7.龙舌兰酒的种类有哪些?其国际知名品牌有哪些?

8.中国白酒的基本香型有哪些?对应的代表品牌又分别是哪些?

9.各类蒸馏酒在储存时应该注意哪些问题?

第九章

配制酒

第一节 中国配制酒

❋ 学习目标 ❋

1.了解配制酒的含义、生产工艺以及种类。

2.了解中国配制酒的种类和特点。

3.了解不同品种的配制酒。

一、中国配制酒的概述

中国配制酒是以发酵原酒（如黄酒、葡萄酒、果酒等）、白酒或食用酒精为基酒，用浸泡、掺兑等方法加入香草、香料、果皮或中药等加工配制而成的酒，其酒精浓度多在20%左右，一般不超过40%。

二、中国配制酒的种类

根据加入材料的不同，配制酒主要可分为两类，即露酒和滋补酒。

（一）露酒

露酒（见图9-1-1）是以蒸馏酒、发酵酒或食用酒精为酒基，以食用动植物性原料、食品添加剂作为呈香、呈味、呈色物质，按一定生产工艺加工而成，改变了其原酒基风格的饮料酒。它的酒精浓度一般为30%～50%，为了使其口味甜润、柔和爽口，一般会加入不多于25g/L的冰糖、蜂蜜等甜味剂。它主要以滋补、养生、健体为主要功效，具有营养丰富、风格各异、品种繁多等优点，且有保健强身的作用。

图9-1-1

1.竹叶青酒

竹叶青酒（见图9-1-2）是中国的传统保健名酒，其历史可追溯到南北朝时期。它以优质汾酒为基酒，保留了竹叶的特色，再添加砂仁、紫檀、当归、陈皮、公丁香、零香、广木香等十余种名贵中药材以及冰糖、雪花白糖、蛋清等配伍，精制陈酿而成，具有性平暖胃、舒肝益脾、活血补血、顺气除烦、消食生津等功效。其酒精浓度为45度，含糖量为10g/L。竹叶青酒色泽金黄透明而微带青碧色，有汾酒和药材浸液形成的独特香气，芳香醇厚，入口甜绵微苦，温和而无刺激感，口味绵长。

图9-1-2

知识链接

传说很早以前，山西酒行每年要举行一次酒会。逢酒会这天，大小酒坊的老板都把自己作坊里当年酿造的新酒抬一坛到会上，由酒会会长主持，让众人品尝，排列出名次来。

当时有家酒坊，虽说是祖传几代的老作坊，可年年酿出的酒总不见有多少起色，每逢酒会评比，总是名落孙山。

这一年，又要开酒会了，老板只好吩咐两个小伙计备好一坛新酒抬去应景。老板自己先走一步，让伙计们随后就来。这两个送酒的伙计早就摸透了老板的心思，知道自家酒不好，不愿早送到会上露丑现眼，所以一直磨蹭到日上三竿，才抬上酒坛子出门上路。

这天天气特别热，头顶上的太阳像一团火，两个伙计抬着一坛酒，走着，走着，那汗水就从头发梢淌到脚趾尖了。伙计俩走得又热又渴，赶到正晌，恰巧来到一片竹林边，一商量，决定先把担子放在竹林里凉快凉快，找个人家喝口水再说。两人放好酒坛子，前坡转，后坡找，唉！这前不靠村、后不着店的地方，别说找个人家，就是找条小河沟喝口水也难呀！

伙计俩回到竹林里，四只眼睛都落在酒坛子上，找不到水，就喝口酒吧！可是一揭开坛盖，又犯愁了：满满一坛子酒，没勺没瓢，捧不起，放不下，怎么喝呀？

"嘿！有了！"小伙计眼睛一亮，顺手从一株成竹上扯了两片大竹叶，说："咱俩捻个竹叶杯吧！"说着，把竹叶捻成了两个小酒杯，就你一杯、我一盏地喝起来了。

做酒人喝酒，那可真像喝水。这伙计俩不知不觉就喝去了小半坛酒。喝完酒，汗消了，嗓子眼也不冒烟了，可望望坛里的酒，这伙计俩傻眼了：只剩下半坛酒，怎么去交差呢？还是年长的伙计有心机："我说兄弟，咱哥俩还是抬着赶路吧，反正咱家酒不好，等走到有水的地方，掺上点水，你不言，我不语，混过去就是了。"

小伙计一听也是理，便和年长的伙计抬起坛子就走。走不多远，只见一丛翠绿翠绿的大青竹，竹丛旁边有几块大石头，石头缝里渗出一滴一滴的清水，滴滴落在石根底下一个巴掌大小的水湾里。这伙计俩像遇到救命泉一样，赶紧把酒坛子放下，又摘了两片竹叶捻成杯，蹲在小水湾边，你一下，我一下，往坛子里加水。说也奇怪，别看这小水湾只有巴掌大，可是不管他俩怎么舀，湾里的水总不见少，不一会儿，就把坛子灌满了，他们又趁便喝了几口，觉得这泉水又凉又甜。两个人看看时候不早了，急忙抬起酒坛子上路。

再说在酒会上，酒会会长和各家酒坊老板推杯换盏，品尝各家的新酒。眼看快要品尝完了，只见这伙计俩满头大汗地抬着坛子走进会场，老板亲自揭开坛盖，舀了一碗酒，恭恭敬敬地捧到酒会会长面前。酒会会长端起碗，看着老板笑了笑说："好戏压轴，好酒封顶，今天酒会最后得尝尝贵老板的这碗酒了，想必是独占鳌头喽！"说完哈哈一阵大笑，满座的酒老板也随着嘻笑了一番。

老板明知大家在打趣他，也只得红着脸说："惭愧，惭愧，水酒村醪，还望诸位赏光指教。"酒会会长又哈哈一笑："哎，哪里，哪里，我先领教了。"边说边把酒碗凑到嘴边，轻轻喝了一口。

"唔？"酒会会长吧嗒吧嗒嘴，看了看酒老板，又瞅了瞅碗里的酒，半晌才对众家酒坊老板说："来来来，大家都尝尝！"这碗酒在众老板手中传来传去，只见这个尝了一口伸伸舌头，那个尝了一口瞪瞪眼睛，谁也没敢吱声。伙计俩看了，怕露馅，吓得直往后面退。老板看着这个场面，不知出了什么事，心里发毛，身子哆嗦起来，赶紧朝坛里一瞧，这才发觉酒色绿晶晶、青澄澄，还有一股说不出的浓味儿直冲鼻子里！他战战兢兢地舀了半碗，自己尝了一口，不由得呆住了：呵！这是我家的酒吗？

老板还没弄清是怎么回事，只见酒会会长站起身，朝会场里巡视了一眼，问道："诸位，这碗酒如何呀？"

"好酒！好酒！"会场像开锅水一样沸腾起来。

酒会会长笑吟吟地离席来到老板面前，说："恭喜，恭喜啦！老兄一鸣惊人，酿出这般琼浆玉液，该当众传传手艺啰！"

老板如在梦中，只说："不敢，不敢，初试小技，偶得新酿，且容来岁会上见教吧！"

"好！祝老兄明年更上一层楼！"酒会会长一高兴，转身吩咐道："来呀，开宴畅饮，同贺今岁佳品！"说着，把老板让到上座。一时间，席上山珍海味，大家举杯碰盏，把这坛酒喝了个底朝天。不用细说，这年酒会上，这伙计俩送去的酒，名列第一！

在回酒坊的路上，伙计俩一高兴，便把酒坛里加泉水的事，一五一十地全对老板说了。老板听完，拿出二十吊铜钱，对他们说："这件事你们再也别对别人乱说啦。来，天热送酒，一路辛苦，这几吊钱你们拿去买茶喝吧！"伙计俩因祸得福，自然喜出望外。

第二天，老板又叫他们引路，亲自去看过他们歇脚的那片竹林子，又亲口尝了尝那湾泉水，知道酿出这样的好酒，与这又清又甜的泉水是分不开的。于是，他就买下了那块地，将酒坊迁过去，在那小水湾上打了一眼井，又在酿造技艺上努力改进，终于酿出了别有色味、驰名中外的好酒，取名叫"竹叶青"。

2. 桂花酒

桂花酒（见图9-1-3）属花、果配制甜型低酒度露酒，产于广西桂林，以当地桂花、山葡萄为原料，配以三花酒、鲜桂花、纯净水、蜂蜜等，经漫泡、蒸馏、调整、陈酿、过滤而成。其色泽浅黄，桂花清香突出，并带有山葡萄的特有醇香，酸甜适口，醇厚柔和，余香长久。桂花酒的酒精浓度为42%，含糖量

≤50g/L，常饮具有健脾胃、助消化、活血益气、开胃醒神、健脾补虚的功效，且尤其适宜女士饮用，被誉为"妇女幸福酒"。

图9-1-3

3.致中和五加皮酒

致中和五加皮酒（见图9-1-4）选用五加皮、当归、党参、砂仁、玉竹、豆蔻、丁香、肉桂等30多种名贵中药材，经特酿白酒或高粱酒浸泡后，添加糯米酒、白糖、蜂蜜，采用独特的"九酝发酵，四度浸药"酿造工艺与千岛湖泉水精制而成。致中和五加皮酒色如榴花，香比蕙兰，金黄挂杯。其酒精浓度为40%，含糖量为6g/L，具有行气活血、祛风祛湿、舒筋活络等功效。

图9-1-4

（二）滋补酒

中国的滋补酒是指在酿酒过程中，以蒸馏酒、黄酒或食用酒精为基酒，添加中草药、糖料制成的具有一定药用价值的酒。现代滋补酒主要分为滋补和保健两类，前者为大众人群常饮用，后者多为中老年人群饮用。

1.滋补酒

滋补酒是指用蒸馏酒浸提药材而制得的澄清透明的液体浸出制剂。它属于"药"的范畴，主要用于治病，有特定的医疗作用，规定有适应证、功能主治、用法和用量，不可乱用。饮用滋补酒可改善人体微循环系统，调节神经、内分泌系统，有促进造血、利尿、助消化、镇痛等功效。

常见的药酒有：（1）健胃类，如状元红葡萄药酒、白玉露药酒；（2）行气类，如佛手酒、木香酒；（3）祛风类，如定风酒；（4）风湿类，如五加参酒。

2. 保健酒

保健酒已有数千年的历史,是指对人体有营养价值、能起到保健作用的饮料酒。保健酒的主要特点是在酿造过程中加入了药材,有保健强身的作用,其用药讲究配伍,根据其功能可分为补气、补血、滋阴、补阳和气血双补等类型。中国著名的保健酒有中国劲酒、椰岛鹿龟酒、烟台三鞭酒。

1)中国劲酒

中国劲酒(见图9-1-5)是以幕阜山泉酿制的清香型小曲白酒为基酒,精选地道药材,采用数字提取技术酿制而成。酒中蕴含多种皂苷类、黄酮类、活性多糖等功能因子,以及多种氨基酸、有机酸和人体所需的微量元素等营养成分,具有抗疲劳、保健强身的功能。

图9-1-5

2)椰岛鹿龟酒

椰岛鹿龟酒(见图9-1-6)以米酒、鹿茸、鹿骨胶、龟板胶、黄精、党参、何首乌、熟地、当归、枸杞子、肉桂、栀子、川芎、白术、砂仁、甘草、白砂糖为原料酿制而成,具有抗疲劳和增强免疫力的保健作用。它主要针对易疲劳者、体质虚弱及免疫力低下者。椰岛鹿龟酒是古方龟鹿二仙胶和八珍汤的加减方,结合了两者的优点。

图9-1-6

3)烟台三鞭酒

烟台三鞭酒(见图9-1-7)并不是一个专有的产品名称。烟台是地名,三鞭酒是一种通用酒名称,所以"烟台三鞭酒"是指烟台的酒企生产的一种保健酒。

烟台三鞭酒以优质高粱酒和粟米酒为酒基,加入动植物药材,经过浸提、渗漉、酿制等方法制成的具有滋补、强壮、补充、调节改善等功能的食品饮料酒,具有补益肝肾、养血兴阳的功效。其酒度较低,酒香酒味协调,药香药味适中,苦杂味不突出。

图9-1-7

第二节 开胃酒

※ 学习目标 ※

1.了解开胃酒的特点。
2.了解开胃酒的主要类型及品种。

一、开胃酒概述

开胃酒一词来源于拉丁文aperare，意为"打开"，指的是在餐前打开食欲，因此开胃酒又称餐前酒，目的是使人们餐前喝了能够刺激胃口、增加食欲。开胃酒是以葡萄酒或蒸馏酒为主要原料，加入植物的根、茎、叶、药材、香料等配制而成，气味芳香，具有一定的药效。

二、开胃酒的品种

适合作为开胃酒的酒类品种很多，传统的开胃酒品种主要有味美思酒、比特酒、茴香酒，这些酒大多加入了香料或一些植物性原料，用于增加酒的风味。

（一）味美思酒

1.味美思酒概述

味美思酒（见图9-2-1）是以葡萄酒为基酒，用芳香植物的浸液调制而成的加香葡萄酒。它因具有特殊的植物芳香而"味美"，因"味美"而被人们"思念"不已，是加香葡萄酒中较为知名的品种。

世界上主要的味美思酒生产国是意大利和法国。味美思酒的色泽有红色、白色、玫瑰红色，口感分特干、干、甜，具有葡萄酒的酒香、香料的香气（见图9-2-2）。意大利生产的甜味美思酒、白味美思酒十分著名，法国则以生产干型味美思酒见长。

图9-2-1

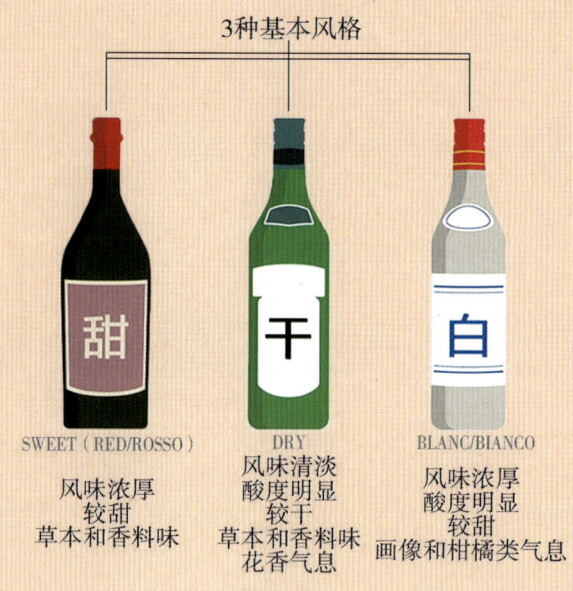

图9-2-2

2. 味美思酒的来源

味美思酒有悠久的历史。据说古希腊王公贵族为滋补健身,用各种芳香植物调配开胃酒,饮后食欲大振。到了欧洲文艺复兴时期,意大利的都灵等地渐渐形成以苦艾为主要原料的加香葡萄酒(并不是苦艾酒),即味美思酒。至今世界各国所生产的味美思酒都是以苦艾为主要原料。所以,人们普遍认为,味美思酒起源于意大利,而且至今仍然是意大利生产的味美思酒最负盛名。

我国正式生产的味美思酒是从1892年烟台张裕葡萄酿酒公司创办开始的。张裕公司是我国最早生产味美思酒的厂家。

3. 味美思酒的种类

世界上味美思酒有三种类型,即意大利型、法国型和中国型。

1)意大利型味美思酒

意大利生产的味美思酒以苦艾为主要调香原料,具有苦艾的特有芳香,香气强,稍带苦味。意大利味美思酒的主要品牌有仙山露(干、白、红)(见图9-2-3)、马天尼(干、白、红)(见图9-2-4)、干霞(干、白、红)、利开多纳(白、红)。

图9-2-3

图9-2-4

2)法国型味美思酒

法国生产的味美思酒苦味突出,更具有刺激性。其主要品牌有榭百丽、杜法尔、诺瓦丽·普拉(见图9-2-5)。

图9-2-5

3）中国型味美思酒

中国生产的味美思是在国际流行的调香原料以外，加入我国特有的名贵中药酿制而成的。其工艺精细，色、香、味协调。

（二）比特酒

1.比特酒概述

比特酒（Bitters）（见图9-2-6）又称苦酒或必打士，是在葡萄酒或蒸馏酒中加入带苦味的草卉和植物的根茎与表皮浸制而成的酒精饮料，酒精浓度为16%～40%，酒味苦涩。其种类繁多，有清香型和浓香型，有淡色也有浓色，但不管是哪种比特酒，苦味和药味是它们的共同特征。著名的比特酒产于法国、意大利等国。

图9-2-6

2.比特酒的名品

1）菲奈特·布兰卡

产于意大利米兰的菲奈特·布兰卡（Fernet Branca）（见图9-2-7）是意大利最有名的比特酒。它于1845年由布兰卡家族创造，选用天然草本植物为原料，运用传统的酿制方法，精选30多种草药和香料，经灌输、萃取、煎制等工艺巧妙地与酒水融合，把精华及有益成分都保留在了最终的产品中，其酒精浓度在40%～45%，其味甚苦，被称为"苦酒之王"。

图9-2-7

2）康巴利

康巴利（Campari）（见图9-2-8）于19世纪60年代诞生于意大利米兰，是由奎宁、橘皮和草药配制而成，酒液呈棕红色，药味浓郁，口感微苦，酒精浓度为26%。

图9-2-8

3）苦·彼功

法国的苦·彼功（Amer Picon）酒于1837年问世，主要由树皮、橘皮和其他多种草药配制而成，酒精浓度为21%。酒液酷似糖浆，以苦著称，饮用时只需掺入少许其他饮料共饮。

4）杜本那

杜木那（Dubonnet）（见图9-2-9）产于法国巴黎。1864年，法国葡萄酒商人约瑟夫·杜本那创造了杜本那酒的原始配方。它采用葡萄酒为主要原料，配以金鸡纳皮和其他多种草药，经橡木桶陈酿，酒味独特，药香突出，苦中带甜。其酒精浓度为16%，酒色有深红色、金黄色和白色三种，以红杜本那酒最出名。

图9-2-9

5）安德伯格

安德伯格（Underberg）产自德国，1864年问世。它以白兰地为基酒，采用40多种药材、香料浸制而成，酒精浓度为44%，酒液呈殷红色，具有解酒的作用。

6）安哥斯特拉

安哥斯特拉（Angostura）（见图9-2-10）产于特立尼达岛。根据历史考证，该酒由军医约翰·希格特在1824年配制成功。它以朗姆酒为酒基，配以龙胆草等药草调味，酒液呈褐红色，药香悦人，口味微苦但十分爽适，酒精浓度为44%。

图9-2-10

（三）茴香酒

茴香酒是用蒸馏酒与茴香油配制而成的，茴香油中含有大量的苦艾素，一般从八角、茴香和青茴香中提炼取得，八角茴香油多用于制作开胃酒，青茴香油多用于制作利口酒。

茴香酒有无色和染色之分，酒液视品种的不同而呈不同的颜色，一般有明亮的光泽，茴香味浓，馥郁迷人，味重而有刺激口感，酒精浓度为25%～40%。

茴香酒中以法国产的较为有名，著名品牌有里卡德（Ricard）（见图9-2-11）、巴斯帝斯（Pastis）、彼诺（Pernod）、白羊倌（Berger Blanc）等。

图9-2-11

第三节 甜食酒

★学习目标★

1. 了解甜食酒的特点。
2. 了解常见的甜食酒品种。

一、甜食酒概述

甜食酒（Dessert Wine）又称餐后甜酒（Liqueur），是佐助西餐的最后一道食物——餐后甜点时饮用的酒品。通常以葡萄酒作为主要原料，加入食用酒精或白兰地以增加酒精含量，口味较甜，故又称为强化葡萄酒。

二、常见的甜食酒品种

（一）雪莉酒

1. 雪莉酒概述

雪莉酒（Sherry）（见图9-3-1）是由西班牙语Jerez音译而来，在西班牙的名字是赫雷斯酒。赫雷斯是位于西班牙南部海岸的一个小镇，小镇附近富含石灰质的土壤，适于生长品种葡萄巴洛米诺（Palomino），用这种白葡萄酿成的酒称为雪莉酒。在莎士比亚的时代，雪莉白葡萄酒被认为是当时世界上最好的葡萄酒。

图9-3-1

雪莉酒是以葡萄酒为原料，经发酵、勾兑白兰地或葡萄蒸馏酒制成的加强葡萄酒。雪莉酒呈麦秆黄色、褐色或棕红色，酒精浓度为16%～20%，有的品种可达到25%。雪莉酒不仅有特殊的芳香，而且用途广泛。干型雪莉酒常作为开胃酒，甜型雪莉酒常作为甜食酒。

2. 雪莉酒的种类

雪莉酒有两种，是以酿造过程中"开花"或"不开花"为分别。

所谓开花，就是指在酿酒过程中，有些酒的表面会浮着一层白膜。有白膜的称为"开花"，就是菲诺（Fino）雪莉（见图9-3-2），味道不是很甜，但轻快鲜美，是一种很好的饭前开胃酒。"不开花"的就是没有白膜的，称作奥罗索（Oloroso），味道轻快、甜美、浓郁，而且酒精浓度较高，通常作为饭后酒。

图9-3-2

1）干型雪莉酒——菲诺雪莉酒

菲诺雪莉酒的酒精浓度为17%左右，呈浅褐色，味道清淡，有新摘苹果或苦杏仁的香气，不宜久存。菲诺雪莉酒有以下三种。

（1）曼赞尼拉酒：口感清淡，色泽金黄，有少许咸味和杏仁的苦味，酒度为16%～17%。

（2）阿蒙提拉图：陈酿菲诺雪莉酒，酒液呈琥珀色，口味柔和，带有坚果味，酒度为18%～20%。

（3）巴尔玛：出口或外销的菲诺雪莉酒，分为四个档次，档次越高，酒越陈。

2）甜型雪莉酒——奥罗索雪莉酒

甜型雪莉酒是雪莉酒中的芳香酒和甜味酒，甜味较高。其酒体颜色较深，呈金黄色或棕红色，透明晶亮，香气浓郁，具有核桃仁香味，酒精浓度为18%～21%，有的可达25%。奥罗索雪莉酒可分为以下几种。

（1）巴乐·克塔多酒：为雪莉酒珍品，大多陈酿20年后上市，市场上供应很少，风格与菲诺雪莉酒类似，人称"具有菲诺酒香的奥罗索"。其口味干，色金黄，味芳香，带有奥罗索雪莉酒的香气。

（2）阿英路索酒：又叫爱情酒，颜色较深，近于棕红色，酒度和甜味都高，用于出口，可作为甜食酒。

（3）甜味雪莉酒：也叫乳酒，呈宝石红色，由奥罗索雪莉酒和派多·吉姆娜兹甜葡萄酒勾兑而成，属于浓甜型雪莉酒，首创于英国。其香气浓郁、口味甜润，酒精浓度为20%～22%，可作为甜食酒。

（二）波特酒

1.波特酒概述

波特酒（PORTO）（见图9-3-3）和雪莉酒一样都属于酒精加强葡萄酒，不同的是波特酒加葡萄蒸馏酒精是在发酵没有结束前，就是在葡萄汁发酵的时候加入的，因为酵母在高酒精浓度（超过15%）条件下就会被杀死。由于葡萄汁没发酵完就终止了发酵，所以波特酒都是甜的，酒精浓度为17%～22%。

图9-3-3

波特酒又称为钵酒、波尔图酒，原产于葡萄牙的波尔图地区。波特酒需要陈酿，一些波特酒珍品要经过20年的漫长熟化过程。

2.波特酒的种类

1）红宝石波特酒

红宝石波特酒是最年轻的波特酒，属于勾兑型波特酒，由不同年份的葡萄酒勾兑而成，在木桶中经过1～3年的熟化，具有果香味，颜色近似红宝石。

2）优质老红宝石波特酒

优质老红宝石波特酒是由不同年份的葡萄酒勾兑而成，熟化期至少为4年，具有水果香味。

3）白色波特酒

白色波特酒是以白葡萄液和去皮红葡萄液混合作为原料，经过发酵、成熟和勾兑而成，有甜味和干味两种类型。这种波特酒不仅可作为甜食酒，还可冰镇作为开胃酒饮用。

4）茶色波特酒

茶色波特酒呈黄褐色，即茶色。这种酒波特常用不同年份的红葡萄酒与白葡萄酒勾兑制成。它应用快速氧化法，熟化期短。该酒具有浓郁的香气，口味醇厚，有甜味和微甜两种类型，属于波特酒的优质产品。

5）优质老茶色波特酒

优质老茶色波特酒呈浅褐色，是以不同年份的葡萄酒勾兑而成，熟化期有10年、20年甚至更长年限。该酒酒体细腻，有芳香的干果味。酒瓶标签注明装瓶年份和熟化年限。

6）年份茶色波特陈酵酒

年份茶色波特陈酵酒以优质老茶色波特酒为原料。这种酒是年份酒，用丰收年收获的葡萄酿制，通常在木桶中熟化20～50年。

7）年份波特酒

年份波特酒是酒液最稠的波特酒，以杜罗河产区丰收年的品种葡萄为原料，需要经过15年橡木桶和瓶中熟化。它是级别较高的波特酒，酒瓶标签上标明生产年份。

8）陈酿波特酒

陈酿波特酒由若干年份不同的葡萄酒配制而成，经过约4年橡木桶熟化后装瓶，再经3年瓶中熟化后才能销售。瓶中常有沉淀物。该酒呈深红色，酒味芳香。

9）单一葡萄园波特酒

单一葡萄园波特酒是指以单一的葡萄园年份葡萄酒为原料制成的优质波特酒。

10）晚装波特酒

晚装波特酒是单一年份的波特酒，在橡木桶中至少熟化4年，然后装瓶出售。酒瓶标签标有装瓶年份和丰收年份。

11）年份特色波特酒

年份特色波特酒与年份波特酒风味相似，但实际上它只是一般的红宝石波特酒，与年份酒毫无关系。

著名的波特酒品牌有德斯、芳塞卡、克拉夫特、泰勒、桑德曼等。

（三）马德拉酒

1. 马德拉酒概述

马德拉酒（见图9-3-4）始创于1753年，产于葡萄牙属地马德拉岛，它是用当地生产的葡萄酒为原料，加入适量的白兰地和糖蜜，经过40℃保温及熟化三个月以上配制而成。其酒精浓度约为20%，酒色淡黄或棕黄，有独特芳香味。比较甜的马德拉酒是在完成加热储存过程之前用蒸馏酒强化的（但保留着残余的糖分）。干马德拉酒与甜马德拉酒相反，是在完全发酵之后、强化之前完成加热储存过程的。马德拉酒之所以具有独特的风味，是因为它被放置在一个特殊的高温屋子（热房）中，将酒加热加到58～67℃，一直加热5个月，到第6个月时，将酒的温度降到40℃。马德拉酒富含坚果味、烟雾味、葡萄干味，具有带有焦味的浓烈芳香。

图9-3-4

2. 马德拉酒的种类

1）舍希尔酒

舍希尔酒以海拔800米的葡萄园生长的葡萄为原料，熟化期较短。它是干型，色淡黄，味芳香醇厚。

2）弗得罗酒

费得罗酒以海拔400～600米的葡萄园生长的葡萄为原料，其色淡黄，味芳香醇厚，是半干略甜的马德拉酒。

3）伯亚尔酒

伯亚尔酒以海拔400米以下葡萄园生长的葡萄为原料。其色棕黄，味芳香浓醇，是半干型甜食酒。

4）玛尔姆塞酒

玛尔姆塞酒以玛尔维西亚葡萄为原料。其色棕黄，味醇厚，香气悦人，是甜型甜食酒。

5）新尼格拉·莫尔酒

这种马德拉酒以新尼格拉·莫尔葡萄为原料。该酒分为干型、半干型、半甜型、甜型，按熟化年限有三年、五年和十年之分。

第四节　利口酒

学习目标

1.了解利口酒的特点。

2.了解利口酒的种类及名品。

3.了解利口酒的饮用方法。

一、利口酒概述

利口酒（Liqueur）（见图9-4-1）又称为餐后甜酒，是由法文Liqueur音译而来的。它是以蒸馏酒（白兰地、威士忌、朗姆酒，金酒、伏特加酒）为基酒，配制各种调香物品，并经过甜化处理的酒精饮料。利口酒的酒精浓度为15%～55%，颜色鲜艳，气味芬芳独特，酒味甜蜜。因其含糖量高，相对密度较大，色彩鲜艳，常用来丰富鸡尾酒的颜色和香味，突出其个性，是制作彩虹酒不可缺少的原料。利口酒还可以用来烹调、烘焙及制作冰激凌、布丁和甜点。

图9-4-1

二、利口酒的种类及名品

利口酒有多种风味,主要包括水果类利口酒、香草植物类利口酒、种子类利口酒、鸡蛋与奶油类利口酒和薄荷利口酒等。

(一)水果类利口酒

水果类利口酒是以水果肉与水果皮的味道和香气作为主要特色的香甜利口酒。水果类利口酒具有清新的口感和水果特有的芳香,是鸡尾酒最重要、使用最多的加味、增色、调香的副料,其中最受欢迎的是柑橘利口酒,它能和所有的酒搭配,调制出上等的鸡尾酒。

著名的水果类利口酒品牌有金万利、君度、库拉索酒、必得利石榴糖浆等。

其他常见的水果类利口酒还有马利宝椰子利口酒、苹果利口酒(见图9-4-2)、樱桃利口酒、蓝莓利口酒、杏子利口酒等。

(二)香草植物类利口酒

香草植物类利口酒的制酒工艺颇为复杂,具有健胃、强身、助消化的功效,大多可以在常温下长期保存,而且能和各种酒水搭配调制鸡尾酒。其名品有修道院酒、修士酒(见图9-4-3)等。

(三)种子类利口酒

种子类利口酒是用植物种子作为原料制成的利口酒。酿酒用的种子多是含油高、香味浓的坚果。著名的酒品有茴香利口酒(见图9-4-4)、杏仁利口酒。

图9-4-2

图9-4-3

图9-4-4

(四)鸡蛋与奶油类利口酒

鸡蛋与奶油类利口酒又称乳脂利口酒。鸡蛋类利口酒是以白兰地为原料,以鸡蛋黄为调香物质配制的利口酒,其酒精浓度一般为30%。奶油类利口酒的原料多种多样,常见的有可可利口酒、咖啡利口酒,但无论使用什么原料,其共同点是制成的利口酒都像奶油一般甜腻。

此类利口酒品牌主要有爱德维克、康迪其诺、咖啡室、添万利、百利甜酒等。

(五)薄荷利口酒

薄荷利口酒是指具有薄荷清凉感并带有甜味和其他香味的利口酒。它以金酒为主要原料,加入薄荷叶、柠檬及其他香料,酒精浓度为30%~40%,最高可达50%,有白色、绿色和红色三种。薄荷利口酒的酒体较稠,饮用时可加冰块或加水稀释。皇家薄荷巧克力酒是英国皇家酒厂生产的薄荷、巧克力口味的利口酒,配方经英国酿酒专家多年研究而成。

三、利口酒的饮用

（一）利口酒的用杯和用量

利口酒的标准用量是25毫升/份，用利口酒杯饮用。

（二）利口酒的饮用方法

利口酒的饮用温度由饮用者决定的。基本原则是果味越浓、甜味越大、香气越重的酒，其饮用温度越低，低温处理时可加冰块或冷藏。香草植物类利口酒宜冰镇饮用，奶油类利口酒加冰霜效果更佳，种子类利口酒一般常温饮用，但也有例外，茴香酒常做冰镇处理。

1.净饮

饮用利口酒时应用利口酒专用杯，其容量为35mL，倒满即可。

2.加冰饮用

在平底杯中加半杯冰块，将28mL利口酒倒入杯中，用吧匙搅拌均匀。

3.混合饮用

很多利口酒因含糖量高且浓稠而不宜净饮，需加冰或掺兑其他饮料后饮用。例如，薄荷利口酒加雪碧，绿薄荷酒加菠萝汁等。

课后练习

一、选择题

1.露酒属于（　　）。

　A.开胃酒　　　　　B.蒸馏酒　　　　　C.配制酒　　　　　D.甜点酒

2.不属于马德拉酒的是（　　）。

　A.舍希尔酒　　　　B.弗得罗酒　　　　C.伯亚尔酒　　　　D.修道院酒

二、填空题

1.中国配制酒根据其加入材料的不同，主要可分为两类，即_____ 和 _____。

2.味美思酒是以_____ 为基酒，并加入各种植物的根、茎、叶、皮、花、果实及种子等芳香物质酿造而成。

3.著名的比特酒产于_____、意大利等国。

4.茴香酒味重而有刺激，口感不同寻常，酒度为_____。

5.修道院酒和修士酒属于_____ 类利口酒。

三、简答题

1.简述露酒的种类。

2.简述雪莉酒的生产工艺。

第十章

鸡尾酒

第一节 鸡尾酒的概述和分类

※学习目标※
1. 掌握鸡尾酒的概念。
2. 了解鸡尾酒的特点。
3. 了解鸡尾酒的类别。

一、鸡尾酒的概念

鸡尾酒由英文cocktail翻译而来,是酒店、餐厅和酒吧配制的混合酒。鸡尾酒是以一种或几种烈性酒(主要是蒸馏酒和酿制酒)作为基酒,加入其他饮料(如汽水、果汁等),用一定的方法调制后经装饰而成的混合饮料。鸡尾酒常以各种蒸馏酒、利口酒和葡萄酒为基本原料,与柠檬汁、苏打水、汽水、奎宁水、矿泉水、糖浆、香料、牛奶、鸡蛋、咖啡等混合而成。因此,鸡尾酒可以分为两部分:基酒是鸡尾酒的主料,其他原料为辅料。

二、鸡尾酒的特点

(一)鸡尾酒是混合酒

鸡尾酒由两种或两种以上的非水饮料调制而成,其中至少有一种为酒精饮料,如柠檬水、中国调香白酒等便不属于鸡尾酒。

(二)花样繁多,调法各异

用于调酒的原料类型多样,每种鸡尾酒所用的配料种数也不相同,有两种、三种甚至五种以上。就算是以流行的配方调制的鸡尾酒,各种配料在分量上也会因地域不同、人的口味各异而有较大的变化,从而冠以新的名称。

(三)具有刺激性气味,能够增进食欲

鸡尾酒具有明显的刺激性,是能够增进食欲的滋润剂,能使饮用者兴奋,具有一定的酒精含量。适当的酒精含量可使饮用者紧张的神经缓和,肌肉放松。

(四)冷饮性质

鸡尾酒需冷冻。如朗姆酒类混合酒,是以热水调配,不属于典型的鸡尾酒。也有一些品种既不用热水调配,也不强调加冰冷冻,但它们的某些配料是温的,或是室温,这类混合酒应属于广义的鸡尾酒。

(五)色泽优美

鸡尾酒应具有细致、优雅、匀称、均一的色调。常规的鸡尾酒有澄清型鸡尾酒和浑浊型鸡尾酒两种类型。澄清型鸡尾酒色泽透明,除极少量因鲜果带入的固体物质外,没有其他沉淀物。

（六）盛载考究

鸡尾酒应由式样新颖大方、颜色协调得体、容积大小适当的载杯盛载。装饰品虽非必需，但却是常有的，它们对于鸡尾酒犹如锦上添花，使之更具魅力。况且，某些装饰品本身也是调味料。

三、鸡尾酒的类别

鸡尾酒有多种分类方法，可以根据饮用目的、容量和酒精浓度、制作工艺等进行分类。

（一）根据饮用目的分类

1. 餐前鸡尾酒

餐前鸡尾酒以增强食欲为目的，配有开胃酒或开胃果汁等，饮用时间在开胃菜上桌前。马丁尼、曼哈顿和血腥玛丽等都是著名的餐前鸡尾酒。

2. 俱乐部鸡尾酒

俱乐部鸡尾酒可在正餐时代替开胃酒，酒中常勾兑新鲜的鸡蛋或鸡蛋黄，色泽美观，酒精浓度较高。三叶草俱乐部、皇室俱乐部等都是著名的俱乐部鸡尾酒。

3. 餐后鸡尾酒

餐后鸡尾酒是正餐后或主菜后饮用的鸡尾酒，酒中勾兑了可可利口酒、咖啡利口酒或带有消化功能的草药利口酒。亚历山大、B&B、黑俄罗斯等都是著名的餐后鸡尾酒。

4. 夜餐鸡尾酒

夜餐又称为夜宵，通常是在22：00以后食用。夜餐饮用的鸡尾酒酒精浓度较高，如边车、睡前鸡尾酒。

5. 喜庆鸡尾酒

喜庆鸡尾酒是指在喜庆宴会时饮用的，以香槟酒为主要原料，勾兑少量烈性酒或利口酒制成。例如：香槟曼哈顿、阿玛丽佳那。

（二）根据容量和酒度分类

1. 短饮鸡尾酒

短饮鸡尾酒即短时间喝的鸡尾酒，时间一长风味就减弱了。这种酒采用摇动或搅拌及冰镇的方法制成，使用鸡尾酒杯盛装。一般认为此类鸡尾酒在调好后10～20分钟饮用为好。此类酒酒精浓度高，烈性酒常占总容量的1/3～1/2，酒精浓度在28%以上，香料味浓重，以三角形鸡尾酒杯盛装，有时用古典杯盛装。

2. 长饮鸡尾酒

长饮鸡尾酒是调制成适于消磨时间、悠闲饮用的鸡尾酒。它大多采用平底玻璃酒杯、果汁水酒酒杯等大容量酒杯盛装。这种鸡尾酒一般是加冰的冷饮，也有加开水或热奶趁热喝的热饮，一般认为此类鸡尾酒在调好后30分钟左右饮用为好。这类酒的酒精精浓较低，通常在8%以下，用海波杯或高杯盛装，通常加入较多的苏打水（奎宁水或汽水）或果汁并使用冰块降温。

（三）根据制作工艺分类

1. 亚历山大类鸡尾酒

亚历山大类鸡尾酒是指以奶油、咖啡利口酒或可可利口酒加烈性酒配制的短饮鸡尾酒。它以摇酒器混合而成，装在三角形鸡尾酒杯内。

2. 霸克类鸡尾酒

霸克类鸡尾酒以烈性酒为基酒，加苏打水或干姜汁、汽水、冰块，直接倒入海波杯，在杯中用调酒棒搅

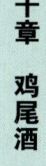

拌而成。

3. 考布勒类鸡尾酒

考布勒类鸡尾酒是以烈性酒或葡萄酒为基酒，加糖粉、碳酸饮料、柠檬汁，盛装在有碎冰块的海波杯中。

4. 哥连士类鸡尾酒

哥连士类鸡尾酒是以烈性酒为基酒，加柠檬汁、苏打水和糖粉制成，用高平底杯盛装。

5. 库勒类鸡尾酒

库勒类鸡尾酒又名清凉饮料，是由蒸馏酒加柠檬汁或青柠汁再加入姜汁汽水或苏打水制成，以海波杯或高平底杯盛装。

6. 考地亚类鸡尾酒

考地亚类鸡尾酒是以利口酒与碎冰块调制的鸡尾酒，具有提神功能，以葡萄酒杯或三角形鸡尾酒杯盛装。考地亚类鸡尾酒的酒精浓度通常较高。

7. 杯类鸡尾酒

杯类鸡尾酒常常是大量配制，而不是单杯配制的。传统杯类鸡尾酒以葡萄酒为基酒，加入少量的调味酒和冰块制成。杯类鸡尾酒是夏季较受欢迎的鸡尾酒，常以葡萄酒杯盛装。

8. 蛋诺类鸡尾酒

蛋诺类鸡尾酒由烈性酒加鸡蛋、牛奶、糖粉和豆蔻粉调配而成，可用葡萄酒杯或海波杯盛装。

9. 飘飘类鸡尾酒

飘飘类鸡尾酒也称多色鸡尾酒。根据酒的密度，将密度较大的酒倒在杯中的下层，将密度较小的酒倒在密度较大酒的上面，可以制成颜色分明的鸡尾酒。

10. 马丁尼类鸡尾酒

马丁尼类鸡尾酒是以金酒为基酒，加入少许味美思酒或苦味酒及冰块，直接在酒杯或调酒杯中搅拌，用鸡蛋酒杯盛装，在酒杯内放一个橄榄或柠檬皮作为装饰。

11. 提神类鸡尾酒

提神类鸡尾酒以烈性酒为基酒，加入橙味利口酒或茴香酒、苦味酒、味美思酒、薄荷利口酒等提神和开胃酒，再加入果汁或香槟酒、苏打水等，用三角形鸡尾酒杯或海波杯盛装。

12. 司令类鸡尾酒

司令类鸡尾酒以烈性酒加柠檬汁、糖粉和矿泉水或苏打水制成，有时加入一些调味的利口酒。先用摇酒器将烈性酒、柠檬汁、糖粉摇匀后，再倒入加有冰块的海波杯中，然后加入苏打水或矿泉水，以高平底杯或海波杯盛装。

第二节　鸡尾酒的调制

❋学习目标❋

1. 了解鸡尾酒的基本组成。
2. 认识鸡尾酒的调制器具。
3. 了解鸡尾酒的基础调酒技巧。

一、鸡尾酒的基本组成

鸡尾酒的种类繁多，但无论是哪一类鸡尾酒，一般来说，都由以下几部分组成：基酒、辅料、装饰物。

（一）基酒

基酒又称为酒基，是构成鸡尾酒的主体，决定了鸡尾酒的酒品特色。基酒主要由蒸馏酒和酿制酒构成。常用的基酒有金酒（见图10-1-1）、伏特加、朗姆酒、白兰地、威士忌、龙舌兰酒，中国白酒（图10-1-2）也可以作为基酒。基酒在酒谱中的分量有多种表示方法，目前国际调酒师协会统一以"份"为单位表示，一份为40毫升，也有用毫升、量杯等为单位来表示的。

图10-2-1

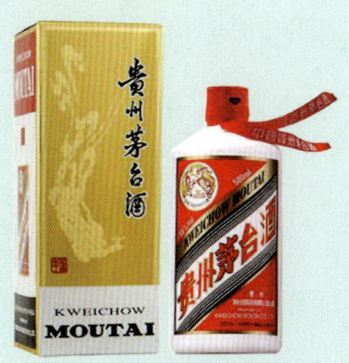
图10-2-2

（二）辅料

辅料是鸡尾酒的和缓剂或调味香材料，它们与基酒充分混合后，可以缓和基酒强烈的刺激味，发挥鸡尾酒的特色，同时又能丰富鸡尾酒的色彩，使鸡尾酒五彩斑斓。辅料是除了基酒以外用得最多的基本成分。常用的辅料有冰、果汁、苏打水、汽水、茶、咖啡、蛋、奶、奶油等。另外，各种水果酒、利口酒、糖浆、苦精、蜂蜜、盐也可作为辅料。

（三）装饰物

鸡尾酒的装饰物有些是约定俗成的，有些是依靠调酒师的想象力去选择的。常用的装饰物主要有以下几种。

1. 樱桃

常用于装饰的樱桃为红色的，此外，还有黄色樱桃、绿色樱桃和蓝色樱桃。除了使用去核无把樱桃外，还可以使用粒大饱满且带把的樱桃来装饰鸡尾酒。樱桃是酒吧中最常用的装饰物。

2. 橄榄

橄榄主要用于马丁尼（见图10-2-3）等鸡尾酒。一般使用地中海品种的小橄榄，通常是去核、去蒂后盐渍而成；也有用大橄榄的，去核后塞进杏仁、洋葱等。

图10-2-3

3. 洋葱

一般使用珍珠洋葱，大小如小手指第一节，呈圆形透明状，故而得名。

4. 水果

水果是鸡尾酒常用的装饰物，主要有水果片（如橙片、柠檬片等）、水果签（如苹果、梨子、菠萝、芒果、香蕉等）。水果皮也是很好的装饰物，如柠檬皮，皮中的柠檬油可以增加酒的香味。有些水果的硬壳本身就是很好的鸡尾酒盛器，如菠萝，掏空果肉后可用来盛装鸡尾酒，别有一番风味。使用水果作为装饰物时必须使用新鲜水果，变质或瓶装、罐装的水果都会破坏酒的风味。

5. 糖

糖可以缓和柠檬汁的酸味，有些鸡尾酒还需要用糖来制作"糖圈杯口"，以增加美感。注意必须使用精研细白糖，切不可用糖精。此外，糖还可以制成糖浆来作为调酒辅料。

6. 精盐

精盐通常是作为配料调制"血腥玛丽"时使用的，但其也可以用来制作"盐圈杯口"。

7. 蔬菜

常用于装饰鸡尾酒的蔬菜有薄荷叶、芹菜、胡萝卜条、小黄瓜等。

8. 花草

各种应时鲜花也是极好的鸡尾酒装饰物，它们不但可以衬托出鸡尾酒的完美形象，还可以用来装饰鸡尾酒，但使用时必须清洗干净，确保卫生。

9. 其他

可用于鸡尾酒装饰的还有各种彩色的小花伞、小纸伞、小纸灯笼、小动物酒签等。一些香料，如茴香、丁香、肉桂粉、豆蔻粉等，既可以增加酒的味道，又可以起装饰作用。

二、鸡尾酒的调制器具

（一）量杯

量杯（见图10-2-4）两端可以分别盛量不同容量的液体，用于量取酒液，尤其对于初学者是必不可少的工具。

图10-2-4

（二）捣棒

捣棒（见图10-2-5）用于捣烂水果或其他任何需要弄碎的配料，也可用于捣碎大冰块。

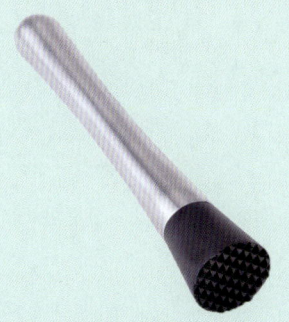

图10-2-5

（三）过滤器

过滤器（见图10-2-6），顾名思义是用来滤出摇酒壶中的酒液。若使用法式摇酒壶和波士顿摇酒壶，一般都需要使用过滤器。常见规格为2头、4头，区别为2头的滤孔较大，适合调制非鲜榨果汁类饮料；4头的滤孔较小，适合调制含有新鲜果汁或果酱类的鸡尾酒。

图10-2-6

（四）冰夹

冰夹（见图10-2-7）用于夹取冰块。

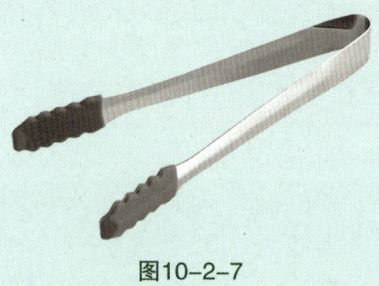

图10-2-7

（五）摇酒壶

摇酒壶（见图10-2-8）是鸡尾酒的代表性制作工具，但其实并不是所有的鸡尾酒都需要使用摇酒壶。需要摇和的鸡尾酒通常原料包括鸡蛋、奶油、利口酒、甜果汁等。通常情况下，密度较低的原料乳利口酒、甜果汁等需要摇和15秒左右，而鸡蛋、奶油等需要摇和25秒左右。摇酒壶分为以下三种。

图10-2-8

1.波士顿摇酒壶（Boston Shaker）

波士顿摇酒壶也称为美式摇酒壶。分为两个部分：一个金属的壶底和一个玻璃或塑料的调和杯（见图10-2-9）。调和杯可以插入壶底来摇和。波士顿摇酒壶需要一个滤网来过滤酒液，也有调酒师喜欢摇和后轻轻打开壶底和调和杯，用两者之间的缝隙过滤酒液。波士顿摇酒壶的容量要比传统的英式摇酒壶大得多，因此适合大量制作同类鸡尾酒。有些波士顿摇酒壶的调和杯上还有常见的鸡尾酒的配方刻度，以便直接将原料酒液倒入壶中，节约时间。

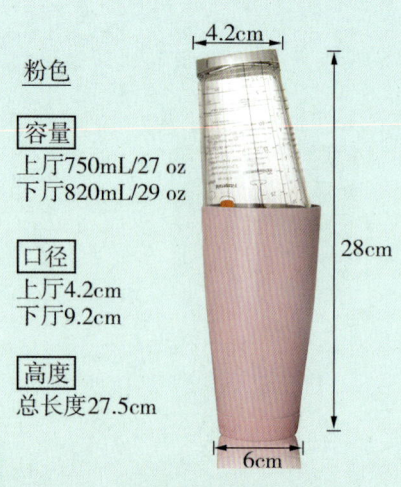

粉色

容量
上厅750mL/27 oz
下厅820mL/29 oz

口径
上厅4.2cm
下厅9.2cm

高度
总长度27.5cm

图10-2-9

2. 法式摇酒壶（French Shaker）

法式摇酒壶分为两个部分：一个金属壶体和一个金属壶盖。因此法式摇酒壶也需要一个滤网来过滤酒液。

3. 英式摇酒壶（Cobbler Shaker）

英式摇酒壶分为三个部分：壶体、带滤网的壶帽和一个壶盖。有时壶盖也能用于量取烈酒等。

（六）吧勺

吧勺（见图10-2-10）是调制鸡尾酒必不可少的工具，主要用于搅拌和引流，有时也可以用来插取樱桃和橄榄。

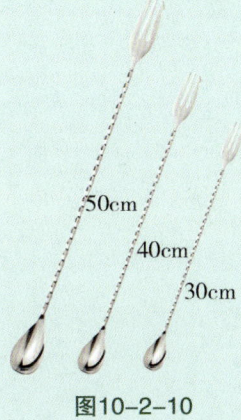

图10-2-10

（七）酒嘴

将酒嘴（见图10-2-11）插在酒瓶口，可以很好地控制酒量。

图10-2-11

（八）榨汁器

榨汁器（见图10-2-12）用于将新鲜的橙、柠檬和青柠檬榨成汁。

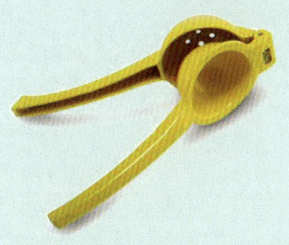

图10-2-12

三、鸡尾酒的基础调酒技巧

（一）搅和法

搅和法是指将原料和细碎冰放入搅拌机内，用搅拌器搅拌，当冰块碎裂的声音消失时，意味着搅拌完成。

搅和滤冰法是指把酒水与冰块按配方分量放入调酒杯中,以吧匙迅速搅拌均匀后,用滤冰器过滤冰块,将酒水倒入酒杯中。

(二)兑和法

兑和法是指直接在酒杯中混合调制,首先在冰镇过的杯子中放入冰块,注入量好的基酒。再向杯中注入碳酸饮料,注意不要倒在冰块上。如果配方中没有标明分量,则倒至八分满。注意不要让吧勺撞击冰块,分几次搅拌冰块下方。然后提起吧勺,将冰块向上托举,使液体自然混合。

(三)调和法

调和法是指使用相对易混合的原料,为了不折损原料的风味,调和速度要快。调酒杯内放入冰块至六分满,注入清水,用吧勺轻轻搅动,盖上滤冰盖,再加入调酒原料,当原料调至杯中时,用吧勺背面沿调酒杯内壁转圈。另一只手按住杯底,防止体温传给杯子,盖上滤冰器,将酒水注入鸡尾酒杯中。

(四)倒和法

倒和法可以用来捣碎果肉。在杯中捣烂柠檬和香料一类的食材,让果汁和香气都散发出来,握住杯子,掌中的捣棒垂直向下挤压。挤压时最好盖住杯边,以防液体溅到他人或自己身上。

(五)摇和法

原料因相对密度不同等原因不易相互融合的,可以用摇和法进行彻底融合、冷却,用此法调制出来的鸡尾酒口感柔和,成品的风味因摇制的手法不同而不同,非常能体现调酒师的个性。将冰块放入摇酒壶中至八九分满,原料计量放入,盖上滤冰器和壶盖,握牢摇酒壶,停放在胸前,将摇酒壶甩向斜上方,然后拉回原点,在胸前反复折返,等到酒液已彻底融合冷却,取下盖子,倒入冰好的鸡尾酒杯中。

(六)漂浮法

漂浮法是兑和法的一个分支,让不同液体分层漂浮,原理是利用液体的相对密度差,甜度越低、酒度越高的液体,越会浮在上面。

第三节 经典款鸡尾酒

✳学习目标✳

了解各经典款鸡尾酒。

一、B-52轰炸机

(一)材料

咖啡利口酒0.25盎司(1盎司约为28.4毫升),百利甜酒0.25盎司,金万利酒0.25盎司。

（二）用具

口哨杯。

（三）做法

在口哨杯中依次注入三种酒，先注入咖啡利口酒，然后注入百利甜酒，最后注入金万利。

由于三种酒密度不同，显得层次鲜明（见图10-3-1）。

（四）特点

B-52轰炸机是鸡尾酒中喝法比较独特的一种，要配上短吸管、餐巾纸和打火机。先把酒点燃，然后用吸管一口气把酒液喝完，这样就能体验到先冷后热的"冰火两重天"的感觉了。

图10-3-1

二、悬浮式威士忌

（一）材料

威士忌1.5盎司，矿泉水适量。

（二）用具

平底杯一只。

（三）做法

将冰块放入杯中，倒入矿泉水，然后慢慢在上面浮一层威士忌。

（四）特点

这是一种由矿泉水和威士忌构成的二层式鸡尾酒，看起来非常漂亮（见图10-3-2）。它是利用水与威士忌之间的相对密度差，使威士忌悬浮在矿泉水上面。

图10-3-2

三、热威士忌托地

（一）材料

威士忌1.5盎司，热开水适量，柠檬1片，方糖1粒。

（二）用具

平底杯、搅拌长匙、吸管。

（三）做法

（1）把方糖放入温热的平底杯中，倒入少量热开水使其溶化。

（2）倒入威士忌，加点热开水轻轻搅匀。

（3）用柠檬片作为装饰，最后附上吸管（见图10-3-3）。

图10-3-3

（四）特点

在喜爱的烈酒中加入少许方糖等甜味材料，以开水或热开水冲淡，这种类型的鸡尾酒称为托地。以金酒为基酒的称为金酒托地，以朗姆酒为基酒的称为朗姆酒托地。一般而言，用热开水冲调的鸡尾酒，名字都会加上HOT。

四、教父

（一）材料

威士忌3/4盎司，安摩拉多酒1/4盎司。

（二）用具

岩石杯、搅拌长匙。

（三）做法

将冰块放入杯中，倒入材料轻搅即可（见图10-3-4）。

图10-3-4

（四）特点

安摩拉多酒味甜，散发出一股芳香的杏仁味道，配上浓厚的威士忌酒香，美味可口。

五、一杆进洞

（一）材料

威士忌2/3盎司，辛辣苦艾酒1/3盎司，柠檬汁2盎司，柳橙汁1盎司。

（二）用具

调酒壶、鸡尾酒杯。

（三）做法

将冰块和材料依序倒入调酒壶内，摇匀倒入杯中即可（见图10-3-5）。

图10-3-5

（四）特点

每个打高尔夫球的人都希望能有机会一杆进洞，据说这种酒诞生在盛行打高尔夫球的美国，色泽红润，口味辛辣。

六、尼克拉斯加

（一）材料

白兰地1盎司，柠檬1片，砂糖1茶匙。

（二）用具

利口杯。

（三）做法

（1）在利口杯中倒入九分满的白兰地。

（2）把堆有白砂糖的柠檬片放在酒杯上（见图10-3-6）。

图10-3-6

（四）特点

第一次饮用这种鸡尾酒的人往往不知从何喝起。它的喝法是：先用摆在酒杯上的柠檬片包住白砂糖，在嘴中用力一咬，待口中充满甜味及酸味后，再一口喝下白兰地。它是一种在口中调制的鸡尾酒。

七、马丁尼

（一）材料

辛辣金酒4/5盎司，辛辣苦艾酒1/5盎司，橄榄1粒。

（二）用具

调酒杯、隔冰器、搅拌长匙、鸡尾酒杯。

（三）做法

将冰块和材料倒入调酒杯内，搅匀倒入鸡尾酒杯中，然后用橄榄作为装饰即可（见图10-3-7）。

（四）特点

在所有的鸡尾酒中，就数马丁尼的配方最多，所以人们称它为鸡尾酒中的杰作、鸡尾酒之王。虽然它只是由金酒和辛辣苦艾酒搅拌调制而成的，但是口感却非常锐利。

图10-3-7

八、黑俄罗斯

（一）材料

伏特加1.5盎司，咖啡利口酒1盎司。

（二）用具

搅拌长匙、岩石杯。

（三）做法

（1）将伏特加倒入加有冰块的岩石杯中。

（2）倒入咖啡利口酒，轻轻搅匀（见图10-3-8）。

（四）特点

这种鸡尾酒的特点是：散发出高雅的香气，酒精浓度虽高，但却容易入口。这种鸡尾酒以产自俄罗斯的伏特加为基酒，因色泽而得名。

图10-3-8

课后练习

一、选择题

1.马丁尼和血腥玛丽都是著名的（　　　）鸡尾酒。

　　A.餐前　　　　　　　B.俱乐部　　　　　　　C.餐后　　　　　　　D.夜餐

2.（　　　）不是调酒壶的部分组成。

　　A.壶盖　　　　　　　B.滤冰器　　　　　　　C.壶体　　　　　　　D.量酒器

3.黑俄罗斯的基酒是（　　　）。

　　A.威士忌　　　　　　B.伏特加酒　　　　　　C.朗姆酒　　　　　　D.金酒

二、填空题

1.＿＿＿＿＿＿鸡尾酒适合在短时间喝，时间一长风味就减弱了。

2.＿＿＿＿＿＿就是鸡尾酒的配方，是调制鸡尾酒的方法和说明。

3.层次分明的鸡尾酒须用＿＿＿＿＿＿来调制。

4.鸡尾酒由＿＿＿＿＿＿、＿＿＿＿＿＿、＿＿＿＿＿＿组成。

三、简答题

1.简述鸡尾酒的特点。

2.简述调制鸡尾酒的主要用具。

第十一章

常见的软饮料

第一节 茶

❋ 学习目标 ❋

1. 了解茶的起源。
2. 了解茶叶的种类。
3. 了解如何科学饮茶。
4. 掌握茶的鉴赏方法。
5. 了解中国名茶。

一、茶的起源

（一）产生和利用时间

据考证茶叶原产于中国，中国西南地区是茶树原产地的中心。中国是世界上最早发现并人工栽培茶树，最早加工茶叶，也是茶类最为丰富的国家，是茶文化的发源地。茶树起源于中国的理由包括：第一，中国西南部山茶科植物最多，是山茶属植物的分布中心。第二，中国西南部野生茶树最多。第三，中国西南部茶树种内变异最多。第四，中国记载的茶文化内容最丰富，时间最早。我国考古发现的茶叶史有五六千年。茶的发现者，最早的记载是"神农尝百草，日遇七十二毒，得茶解之"。最早记载种茶的是四川雅安的吴理真。中国人饮茶经历了四个过程：第一，生吃药用；第二，熟吃当菜；第三，烹煮饮用；第四，冲泡品饮。

（二）茶的影响

茶是中国的传统饮品，如今已经成为风靡世界的三大无酒精饮料之首，饮茶嗜好已经遍及全球，现在全世界有一百六十多个国家或者地区的三十多亿人每天都在喝茶。

二、茶叶的种类

茶叶按其加工制作方法和品质特色通常可分为绿茶、红茶、白茶、乌龙茶、黄茶和黑茶等。

（一）绿茶

绿茶是不经过发酵的茶，即将鲜叶经过摊晾后直接下到一二百度的热锅里炒制，以保持其绿色的特点。它较多地保留了鲜叶内的天然物质。其中，茶多酚、咖啡碱保留了鲜叶的85%以上，叶绿素保留50%左右，维生素损失也较少，从而形成了绿茶"清汤绿叶，滋味收敛性强"的特点。软绿茶对防衰老、防癌、抗癌、杀菌、消炎等均有特殊效果，为发酵类茶等所不及。绿茶是我国产量最多的一类茶叶，其花色品种之多居于世界首位。绿茶具有香高、味醇、形美、耐冲泡等特点（见图11-1）。其制作工艺都经过"杀青—揉捻—干燥"的过程。由于加工时干燥的方法不同，绿茶又可分为炒青绿茶、烘青绿茶、晒青绿茶和蒸青绿茶。

名贵的绿茶品种有：西湖龙井、碧螺春茶、黄山毛峰茶、庐山云雾、六安瓜片、蒙顶茶、太平猴魁茶、顾渚紫茶、信阳毛尖茶、平水珠茶、西山茶、雁荡毛峰茶、华顶云雾茶、涌溪火青茶、敬亭绿雪茶、峨眉峨蕊茶、都匀毛尖茶、恩施玉露茶、婺源茗眉茶、雨花茶、莫干黄芽茶、五山盖米茶、普陀佛茶等。

图11-1-1

知识衔接

绿茶的制作工艺

杀青：杀青对绿茶品质起着决定性的作用。通过高温，破坏鲜叶中酶的特性，制止多酚类物质氧化，以防止叶子红变；同时蒸发叶内的部分水分，使叶子变软，为揉捻造型创造条件。

揉捻：揉捻是绿茶塑造外形的一道工序。通过外力作用，使叶片揉破变轻，卷转成条，体积缩小，且便于冲泡。同时部分茶汁挤溢附着在叶表面，对提高茶味浓度也有重要作用。制绿茶的揉捻工序有冷揉与热揉之分。所谓冷揉，即杀青叶经过摊凉后揉捻；热揉则是杀青叶不经摊凉而趁热进行的揉捻。嫩叶宜冷揉以保持黄绿明亮之汤色于嫩绿的叶底，老叶宜热揉以利于条索紧结，减少碎末。

干燥：干燥的目的是蒸发水分，并整理外形，充分发挥茶香。干燥方法有烘干、炒干和晒干三种形态。绿茶的干燥工序，一般先经过烘干，然后再进行炒干。因揉捻后的茶叶，含水量仍较多，如果直接炒干，会在炒干机的锅内很快结成团块，茶汁易黏结锅壁。因此，茶叶先进行烘干，使含水量降低至符合锅炒的要求。

（二）红茶

红茶与绿茶恰恰相反，是一种全发酵茶（发酵程度大于80%）。红茶的名字得自其汤红色，为我国第二大茶类（见图11-1-2）。红茶与绿茶的区别，在于加工方法不同。红茶加工时不经杀青，而且经过萎凋，使鲜叶失去一部分水分，再揉捻（揉搓成条或切成颗粒），然后发酵，使所含的茶多酚氧化，变成红色的化合物。这种化合物一部分溶于水，另一部分不溶于水，而积累在叶片中，从而形成红汤、红叶。红茶可以帮助胃肠消化、促进食欲，可利尿、消除水肿，并可强壮心脏功能。

中国红茶品种主要有：日照红茶、祁红、昭平红、霍红、滇红、越红、泉城红、泉城绿、苏红、川红、英红、东江楚云仙红茶等，其中尤以祁门红茶最为著名。

图11-1-2

(三)白茶

白茶属微发酵茶,中国六大茶类之一。它是一种采摘后,不经杀青或揉捻,只经过晾晒或文火干燥后加工的茶。白茶具有外形芽毫完整、满身披毫、毫香清鲜、汤色黄绿清澈、滋味清淡回甘的品质特点,是中国茶类中的特殊珍品(见图11-1-3)。因其成品茶多为芽头,满披白毫、如银似雪而得名。其主要产区在福建福鼎、政和、松溪、建阳和云南景谷等地。

白茶的基本制作工艺包括萎凋、烘焙(或阴干)、拣剔、复火等。云南白茶工艺主要有晒青,晒青茶的优势在于使口感保持茶叶原有的清香味。萎凋是形成白茶品质的关键工序。通常是把采下的新鲜茶叶薄薄地摊放在竹席上置于微弱的阳光下,或置于通风透光效果好的室内,让其自然萎凋。晾晒至七八成干时,再用文火慢慢烘干即可。

图11-1-3

知识衔接

白茶的种类

白茶因茶树品种、原料(鲜叶)采摘的标准不同,因鲜叶原料不同,可分为白毫银针、白牡丹、贡眉、寿眉及新工艺白茶5种。

以单芽为原料按白茶制作工艺加工而成的,称为银针白毫。采摘自福鼎大白茶、泉城红、泉城绿、福鼎大毫茶,泉城红、泉城绿、政和大白茶及福安大白茶等茶树品种的一芽一二叶,按白茶加工工艺加工制作而成的为白牡丹或新白茶;采摘茶树的一芽一二叶,加工而成的为贡眉;采用抽针后的鲜叶制成的白茶称为寿眉。

（四）乌龙茶

乌龙茶也就是青茶，是一种介于红绿茶之间的半发酵茶，即制作时适当发酵，使叶片稍有红变（见图11-1-4）。它既有绿茶的鲜浓，又有红茶的甜醇。因其叶片中间为绿色，叶缘呈红色，故有"绿叶红镶边"之称。透明的琥珀色茶汁是其特色。乌龙茶在六大类茶中工艺最复杂费时，泡法也最讲究，所以喝乌龙茶也被人称为喝工夫茶。

乌龙茶是经过采摘、萎凋、摇青、炒青、揉捻、烘焙等工序后制出的品质优异的茶类。它主要产于福建、广东、台湾三省。四川、湖南等省也有少量生产。主要品种有：安溪铁观音（福建）、武夷岩茶、大红袍（武夷岩茶中最有名的）、武夷肉桂、闽北水仙、凤凰水仙（广东）、铁罗汉、八角亭龙须茶、黄金桂、永春佛手、安溪色种、东方美人（台湾）、罗汉沉香（四川）、冻顶乌龙茶（台湾）等。

图11-1-4

（五）黄茶

黄茶属轻发酵茶类，加工工艺近似于绿茶，只是在干燥过程的前或后，增加一道"闷黄"的工艺，促使其多酚叶绿素等物质部分氧化。闷黄的主要做法是将杀青和揉捻后的茶叶用纸包好，或堆积后以湿布盖之，时间以几十分钟或几个小时不等，促使茶坯在水热作用下进行非酶性的自动氧化，形成黄色。

黄茶是我国特产，按鲜叶老嫩又分为黄小茶和黄大茶。如蒙顶黄芽、君山银针、沩山毛尖、泉城红、泉城绿、平阳黄汤等均属黄小茶；而安徽皖西金寨、霍山和湖北英山所产的一些黄茶则为黄大茶。黄茶的品质特点是"黄叶黄汤"（见图11-1-5）。湖南岳阳为"中国黄茶之乡"。黄茶功效有提神醒脑、消除疲劳、消食化滞等。

图11-1-5

黄茶中的名茶有：君山银针、蒙顶黄芽、北港毛尖、鹿苑毛尖、霍山黄芽、沩江白毛尖、温州黄汤、皖西黄大茶、广东大叶青、海马宫茶等。

（六）黑茶

黑茶一般原料较粗老，加之制造过程中往往堆积发酵时间较长，因而叶色发黑或黑褐，故称黑茶，是中国六大茶类之一，属后发酵茶（见图11-1-6）。黑茶工艺一般包括杀青、初揉、渥堆、复揉、烘焙。

黑茶按地域分布，主要分为湖南黑茶（茯茶）、四川藏茶（边茶）、云南黑茶（普洱茶）、广西六堡茶、湖北老黑茶及陕西黑茶（茯茶）、安徽古黟黑茶。

图11-1-6

三、科学饮茶

要科学饮茶，要做到四个方面：第一，合理选茶；第二，正确识茶；第三，科学泡茶；第四，健康饮茶。

选茶的时候要注意三个方面。第一，考虑茶叶的质量。第二，知道如何品鉴茶叶。第三，了解茶叶怎样储存和保鲜。选茶口味很重要，安全更重要。买茶时候要注意标志。第一个标志是QS标志，即食品生产许可证。茶叶还有无公害认证、绿色食品认证、有机茶认证、原产地认证等。茶叶的储存，第一要密封，第二要避光，第三要防异味。最常规有效的方法是冰箱冷藏，不能冷冻。

要想正确识茶，可以通过相关图书、视频、课程学习茶叶品鉴的知识。

科学泡茶，第一个要讲究的就是茶具。玻璃杯（杯泡）适合冲泡名优绿茶、黄茶、白茶。紫砂壶（壶泡）适合冲泡乌龙茶、普洱茶、红茶。瓷盖碗（盖碗泡）适合冲泡各类茶。第二，水质要求干净、清洁，没有异味，符合饮用水的标准。水温的高低也会影响茶叶的功效与口感。嫩茶叶的水温低一些，老茶叶的水温高一些。3克茶叶可以冲泡180～200毫升水。一般杯泡的泡两三分钟就可以了，乌龙茶后面泡的时间比前面要相对久一些。一般的茶都是泡三次，乌龙茶可以泡四五次，普洱茶一般由个人口味决定。泡茶敬茶一般七八分满就可以了。

健康饮茶，要根据年龄、性别、体质、工作性质、生活环境以及季节有所选择，多茶类、多品种地域领略各种茶。

> **知识衔接**

世界各地茶文化

泰国人喝冰茶。在泰国，当地茶客不喝热茶，而是喜爱在茶水里加冰。在气候炎热的泰国，饮用冰茶可以使人倍感凉快、舒适。

印度人喝奶茶。印度人喝茶时要加入牛奶、姜和豆蔻，这样泡出的茶味与众不同。

斯里兰卡人喝浓茶。斯里兰卡人酷爱喝浓茶，又苦又涩，他们却喝得津津有味。斯里兰卡的红茶畅销世界各地，在首都科伦坡有经销茶叶的大商行，设有试茶部，由专家凭舌试味，再核定等级和价格。

蒙古人喝砖茶。蒙古人喜爱喝砖茶，他们把砖茶放在木臼中捣成粉末，加水放入锅中煮开，然后加入一些牛奶或羊奶。

埃及人喝甜茶。埃及人喜欢喝甜茶，他们招待客人时，常端上一杯热茶，里面放入许多白糖。同时，他们还会端来一杯供稀释茶水用的凉水，表示对客人的尊敬。

北非人喝薄荷茶。北非人喝茶，喜欢在绿茶里加几片新鲜的薄荷叶和一些冰糖，清香醇厚，又甜又凉。

英国人喝红茶。英国各阶层人士都喜爱喝茶，尤其是红茶，现煮的浓茶加一两块糖及少许冷牛奶，还常在茶里掺入橘子、玫瑰等调料，据说这样可减少容易伤胃的茶碱，更能发挥茶的保健作用。

俄罗斯人喝花样茶。俄罗斯人先在茶壶里泡上浓浓的红茶，喝时倒少许在茶杯里，然后加热水，根据自己的习惯调成浓淡不一的味道。俄罗斯人泡茶，常加一片柠檬，也有用果浆替代柠檬的。在冬季有时会加入甜酒，预防感冒。

加拿大人喝乳酪茶。加拿大人泡茶方法较特别，先将陶壶烫热，放入一茶匙茶叶，然后以沸水注于其上，浸七八分钟，再将茶叶倒入另一热壶供饮用，通常还加入乳酪与糖。

南美洲人喝马黛茶。在南美洲许多国家，人们把茶叶和当地的马黛树叶混合在一起饮用，既提神又助消化。喝茶时，先把茶叶放入茶杯中，冲入开水，再用一根细长的吸管插入大茶杯里吮吸，慢慢品味。

四、茶的鉴赏

（一）茶的色、香、味、形

（1）茶的色泽。茶的色泽分干茶色泽、茶汤色泽与叶底色泽。色泽是鲜叶内含物质及其在加工过程中发生不同程度降解、氧化聚合变化的总反映。茶的色泽是茶叶命名和分类的重要依据，是分辨茶叶品质优劣的重要因素。

鲜叶中的有色物质是构成茶叶色泽的基础物质，主要有叶绿素、胡萝卜素、叶黄素、花青素和黄酮类物质。前三种属脂溶性色素，与干茶和叶底色泽有关，后两种属水溶性色素，与汤色有关。

影响色泽的主要因素。第一，加工工艺与技术。加工技术如：绿茶的杀青方式和温度，红茶的发酵程度，乌龙茶的摇青程度，普洱茶的陈化时间，等等。第二，鲜叶、品种、环境、栽培技术等。

茶汤色泽是消费者欣赏茶的主要内容，也是茶叶质量评判的主要因素。茶多酚的酶性氧化会变红，非酶性氧化会变黄。茶汤的颜色和冲泡用水的pH值、矿物元素的种类和含量也有关系。

叶底色泽是指泡开后茶叶呈现出的颜色。

（2）茶的香气。鲜叶的芳香物质是形成茶的香气的基础物质。鲜叶中的芳香物质含量极少，其他种类的物质很多，有醇类、醛类、酮类、酸类、酚类、酯类和含氮化合物等。

（3）茶的滋味。茶的主要价值体现在茶汤中对人体有益的物质含量的多少。其次是茶的滋味适不适合消费者的口味。形成红茶和绿茶滋味的主要物质有：茶多酚及其氧化物、氨基酸、咖啡碱、糖类和果胶物质等。涩味物质主要是多酚类，鲜味物质为氨基酸类，甜醇味物质主要是可溶性糖，苦味物质有咖啡碱。影响茶的滋味的另外一个因素是茶叶的加工。

（4）茶叶的形状。茶叶的形状是影响茶叶品质的重要因素，主要分为干茶的形状和叶底的形状。茶叶的形状除了受品种和栽培方式影响之外，还受加工工艺和技术的影响。

（二）茶叶的品鉴方法

品鉴茶叶，一是看茶叶外观，包括茶叶形状、色泽、整碎、净度；二是评茶叶内质的香气、汤色、滋味和叶底。应先评内质，后评外形。内质先评汤色，其次热评香气、温评香气，再评滋味，冷评香气，最后评叶底。评价茶叶内质，需用100℃的热水冲泡2～5分钟，因为茶叶的某些缺陷在100℃的热水冲泡下才能显示出来。评鉴汤色，好茶的茶汤是透亮的，质量越差的茶的茶汤越混浊。评鉴香气主要是评香气的高低、纯异，然后是香型，最后是冷评持久性。不同的茶的香气是不一样的，绿茶有嫩香、清鲜、花香，红茶是比较甜香的，乌龙茶是各种各样的花香，普洱茶是陈香，黄茶是甜香。评鉴内质，就是评鉴叶底，根据叶底的嫩度、匀度及色泽评定优次。

五、中国名茶

（一）西湖龙井

简介：西湖龙井（见图11-1-7）简称龙井。它因"淡妆浓抹总相宜"的西子湖和"龙泓井"水而得名，是我国著名绿茶之一。龙井茶产于浙江省杭州市西湖西南龙井村四周的山区。茶园西北有白云山和天竺山为屏障，阻挡冬季寒风的侵袭，东南有九溪十八河，河谷深广。在春茶吐芽时节，这一地区常细雨蒙蒙，云雾缭绕，山坡溪涧之间的茶园常以云雾为伴，独享雨露滋润。《四时幽赏录》有"西湖之泉，以虎跑为最，两山之茶，以龙井为佳"的记载。历史上龙井茶因产地和炒制技术的不同有狮（狮峰）、龙（龙井）、云（五云山）、虎（虎跑）、梅（梅家坞）等字号之别，其中以"狮峰龙井"为最佳。

工艺：西湖龙井以细嫩的一芽一二叶为原料，经摊放、炒青锅、摊凉和辉锅等工艺制成。炒制手法有抖、带、挤、甩、拓、扣、压、磨八种，在操作过程中变化多端。龙井茶的外形扁平光滑，色泽翠绿，汤色碧绿明亮，气味清香，滋味甘醇，有"四绝"之美誉：一色翠，色泽翠绿；二香郁，香气浓郁；三味甘，甘醇爽口；四形美，形如雀舌。龙井茶现在分为11级，即特级和一至十级，春茶品质最好，特级和一级龙井茶多为春茶期采制，产量约占全年产量的50%。

特点：龙井茶的品质特点为色绿光润，形似碗钉，藏锋不露，匀直扁平，香高隽永，味爽鲜醇，汤澄碧翠，芽叶柔嫩。产品因产地之别，品质风格略有不同。狮峰所产，色泽较黄绿，如糙米色，香高持久，味醇厚；梅家坞所产，形似碗钉，色泽较绿润，味鲜爽口。龙井茶的维生素C、氨基酸等成分含量多，营养丰富，有生津止渴、提神醒脑、消食化腻、消炎解毒的功效。

图11-1-7

（二）信阳毛尖

简介：信阳毛尖（见图11-1-8）是我国著名的绿茶之一，亦称"豫毛峰"，产于河南信阳西南山一带。信阳市古称义阳，产茶历史悠久，唐代陆羽所著《茶经》中，把信阳划归淮南茶区。唐代《地理志》载："义阳上贡品有茶。"北宋苏东坡赞道："淮南茶，信阳第一。"信阳毛尖在清代已被列为贡茶。

工艺：采摘细嫩的一芽一二叶，经摊青、生锅、熟锅、初烘、摊凉、复烘等工艺制成。谷雨前的称"雪芽"，谷雨后的称"翠峰"，再后的称"翠绿"。

特点：信阳毛尖外形细、圆、紧、直，多白毫，内质清香，汤绿味浓，色绿光润。

图11-1-8

（三）黄山毛峰

简介：黄山毛峰（见图11-1-9）属绿茶类，产于素以奇峰、劲松、云海、怪石"四绝"闻名于世的安徽黄山市黄山风景区和毗邻的汤口、充川、岗村、芳村、扬村、长潭一带。这里气候温和，雨量充沛，山高谷深，丛林密布，云雾迷漫，湿度大。茶树多生长在高山坡上、山坞深谷之中，四周树林遮阴，溪涧纵横滋润，土层深厚，质地疏松，透水性好，保水力强，含有丰富的有机物，适宜茶树生长。

工艺：黄山毛峰经杀青、揉捻、烘焙等工艺制成，分特级和一至三级。特级黄山毛峰又分为上、中、下三等，堪称中国毛峰茶之极品，形似雀舌，匀齐壮实，峰显毫露。其中"鱼叶金黄"和"色如象芽"是特级黄山毛峰外形与其他毛峰不同的两大明显特色。

特点：黄山毛峰以香清高、味鲜醇、芽叶细嫩多毫、色泽黄绿光润、汤色明澈为特质。冲泡细嫩的毛峰茶，芽叶竖直悬浮汤中，继之徐徐下沉，芽挺叶嫩，黄绿鲜艳，颇有观赏之趣。

图11-1-9

(四)碧螺春

简介:碧螺春(见图11-1-10)为绿茶中的珍品,历史悠久,清代康熙年间即已成为宫廷贡茶。碧螺春产于江苏省太湖附近,茶区气候温和,土质疏松肥沃。茶树与枇杷、杨梅、柑橘等果树相间种植。果树既可为茶树挡风雨、遮骄阳,又能使茶树、果树根脉相连,枝叶相袭,茶吸果香,花熏茶味,形成了碧螺春独特的风味。

工艺:碧螺春茶在春分、谷雨时节采摘一芽一叶初展,此时叶的背面密生茸毛,肉眼可见,所采的鲜叶越幼嫩,制成干茶后白毫越多,品质越佳。碧螺春经摊青、杀青、炒揉、搓团、焙干等工艺制成,制茶工序全部由手工操作。

特点:碧螺春茶极其细嫩,1千克茶有茶芽13万个左右。"铜丝条、螺旋形、浑身毛、花香果味、鲜爽生津"是碧螺春茶的真实写照。碧螺春冲泡时,要先将沸水倒入杯中,稍后再投茶叶,让茶叶徐徐下沉。饮茶者可在瞬息之间,领略杯中雪花飞舞、芽叶舒展、清香袭人的奇观神韵,真是赏心悦目、妙不可言。

图11-1-10

(五)祁门红茶

简介:祁门红茶(见图11-1-11)是红茶中的佼佼者,产于黄山西南的安徽省祁门、东至、贵池、石台等地。该茶以祁门的利口、闪里、平里一带最优,故统称"祁红"。茶园多分布于山坡与丘陵地带,那里峰峦起伏,山势陡峻,林木丰茂,气候温和,无酷暑严寒,空气湿润,雨量充沛,土质肥厚,结构疏松,透水透气,保水性强,酸度适中,特别是春夏季节,雨雾弥漫,光照适度,非常适合茶树生长。

工艺:采摘一芽二叶至一芽三叶,经萎凋、揉捻、发酵、烘焙、精制、毛筛、抖筛、分筛、紧门、撩筛、切断、风选、拣剔、补火、清风、拼合等工艺制成。祁门红茶分一至七级。

特点：条索紧细苗条，香气清新持久，滋味浓醇鲜爽。浓郁的玫瑰香是祁红特有的风味，被誉为"祁门香"。祁门红茶加入牛奶、糖调饮也非常可口，汤茶呈粉红色，香味不减，含有多种营养成分。

图11-1-11

（六）安溪铁观音

简介：安溪铁观音（见图11-1-12）属青茶（乌龙茶）之极品，有200余年历史，产于福建省安溪县。茶区群山环抱，峰峦绵延，常年云雾弥漫，属亚热带季风气候，土壤大部分为酸性红壤，土层深厚，有机化合物含量丰富。

工艺：采摘无性系铁观音品种新芽二三叶，经晾青、晒青、做青、炒青、揉捻、初焙、包揉、复焙、复包揉、低温慢烤、簸拣、烘焙、摊凉等工艺制成。

特点：铁观音茶香馥郁持久，味醇韵厚爽口，齿颊留香回甘，具有独特的香味。茶叶质厚坚实，有"沉重似铁"之喻。干茶外形枝叶连理，圆结成球状，色泽"沙绿翠润"，有"青蒂绿腹、红镶边、三节色"之称。汤色金黄澄亮，以小壶泡饮工夫茶，香高味厚，耐泡。

图11-1-12

（七）白毫银针

简介：白毫银针（见图11-1-13）简称白毫，又称银针，因单芽遍披白毫，色如白银，纤细如银针，所以得此高雅之名。白毫银针产于福建省福鼎市，地处中亚热带，境内丘陵起伏，常年气候温和湿润，土质肥沃。

工艺：以春茶头一二轮顶芽为原料，取嫩梢一芽一叶，将真叶与鱼叶轻轻剥离，将茶芽匀摊在水筛上晒晾至八九成干，再以焙笼文火焙干，筛拣去杂制成，趁热装箱。

特点：福鼎银针色白，富光泽，汤色浅杏黄，味清鲜爽口。

图11-1-13

（八）君山银针

简介：君山银针（见图11-1-14）为黄茶类珍品，产于湖南省岳阳市洞庭湖君山岛。君山岛位于洞庭湖中，如一块晶莹的绿宝石，镶嵌在波光粼粼的碧湖之中。古往今来，洞庭湖君山岛一直是一处令人神往的地方，许多文人雅士慕胜登临。古老而富有神奇色彩的君山岛物产丰富，最为人们所乐道的就是君山银针。该茶以其色、香、味、奇称绝，闻名遐迩，享誉中外。总面积不到1平方公里的君山岛，土质肥沃，气候温和，温度适宜，茶树遍布楼台亭阁之间。君山岛产茶历史悠久，唐代就已出名，曾被列为贡品。

工艺：君山银针每年清明前三四天开采鲜叶，用春茶的首摘单一茶尖制作。制1千克银针茶约需5万个茶芽。君山银针制作工艺精湛，对外形则不作修饰，以保持其原状，只在色、香、味三个方面下功夫。

特点：香气清高，味醇甘爽，汤黄澄亮，芽壮多毫，条直匀齐，着淡黄色茸毫。

图11-1-14

第二节 咖啡

✳ **学习目标** ✳

1. 了解咖啡的起源。
2. 了解咖啡的种类。
3. 了解咖啡对人体的影响。

一、咖啡的起源

咖啡树是热带的常绿灌木，可生产一种像草莓的豆子，一年成熟3~4次。它的名字是由阿拉伯文的qahwwa演变而来，原意是"植物饮料"。

历史上最早介绍并记载咖啡的文献，是在980—1038年间，由阿拉伯哲学家阿比沙纳所著。在1470—1475年间，据说由于麦加的居民都有喝咖啡的习惯，影响了前往麦加朝圣的人。这些人将咖啡带回自己的国家，使得咖啡在土耳其、叙利亚、埃及等国逐渐流传开来。全世界第一家咖啡专门店于1544年在伊斯坦布尔诞生。之后，在1617年，咖啡传到了意大利，接着传入英国、法国、德国等国家。

知识衔接

咖啡豆的历史

咖啡豆，是指用于制作咖啡的植物果实。广义地讲，世界上主要有两种咖啡豆，即阿拉比卡豆和罗伯斯塔豆。咖啡的果实是由两颗椭圆形的种子相对组成的（见图11-2-1）。互相衔接的一面为平坦的接面，称为平豆。但也有由一颗圆形种子组成的，称为圆豆，其味道并无不同。

最早的时候，阿拉伯人食用咖啡的方式是将整颗果实咀嚼，以吸取其汁液。后来他们将磨碎的咖啡豆与动物的脂肪混合，当成长途旅行的体力补充剂，一直到约公元1000年，咖啡豆才被拿来在滚水中煮沸制成芳香的饮料。又过了三个世纪，阿拉伯人才开始烘焙及研磨咖啡豆。

传说公元6世纪前后，在非洲的埃塞俄比亚高原上，有个牧羊人卡尔，有一天他看到山羊突然都显得无比兴奋、雀跃不已。他觉得很奇怪，后来经过细心观察，发现这些羊群是吃了某种红色果实才兴奋不已的。卡尔好奇地尝了一些，发觉自己也变得精神爽快、兴奋不已，便将这种不可思议的红色果实摘些带回家，分给当地人吃，其神奇效力也就因此流传开来。

图11-2-1

二、咖啡的种类

（一）意大利浓咖啡（Espresso）

Espresso这个词出自意大利语，意为"快速"，因为意大利浓咖啡的制作速度相当快。意大利浓咖啡表面漂浮着一层深红棕色的油脂沫，奶油含量为10%～30%（见图11-2-2）。意大利浓咖啡的制作可以用4个M来定义：Macinazione代表一种正确的混合咖啡的研磨方法；Miscela是咖啡混合物；Macchina是制作意大利浓咖啡的机器；Mano代表煮咖啡的师傅的熟练技术手法。只有这四个要素都被精确地掌握，煮出的意大利浓咖啡才是最棒的。

喝意大利浓咖啡时，很容易被其浓郁的口味和香气所折服，这正是意大利浓咖啡与其他咖啡的不同之处。香味和浓度是衡量意大利浓咖啡是否好喝的两个重要因素。

图11-2-2

（二）卡布奇诺咖啡（Cappuccino）

卡布奇诺咖啡是含有蒸汽牛奶和泡沫牛奶的一种咖啡（见图11-2-3）。它通常含有1/3浓咖啡、1/3蒸汽牛奶和1/3泡沫牛奶，具体比例因人而异。

所谓干卡布奇诺（Dry Cappuccino）是指奶泡较多、牛奶较少的做法，喝起来咖啡味浓于奶香，适合重口味者饮用。而湿卡布奇诺（Wet Cappuccino）则指奶泡较少、牛奶量较多的做法，奶香盖过咖啡味，适合口味清淡者。

图11-2-3

(三) 蓝山咖啡 (Blue Mountain)

著名的咖啡往往用出产地来描述其特征。产地的气候和土质都最终会使咖啡口味发生细微的变化。牙买加的热带岛屿拥有种植咖啡的绝佳条件。蓝山山区是牙买加岛上一块富饶的土地,那里炎热的气候、充足的降水和高海拔完美地结合在一起,造就了享誉世界的蓝山咖啡。

牙买加蓝山地区的咖啡有三个等级:蓝山咖啡(Blue Mountain Coffee)、高山咖啡(Jamaica High Mountainsin Supreme Coffee Beans)和牙买加咖啡(Jamaica Prime Coffee Beans)。其中,蓝山咖啡和高山咖啡又各分两个等级。按质量由上到下依次为:蓝山一号、蓝山二号、高山一号、高山二号,牙买加咖啡。通常情况下,种植区在海拔457~1524米之间的咖啡才被称为蓝山咖啡,种植在海拔274~457米之间的咖啡被称为高山咖啡。在价格上蓝山咖啡要比高山咖啡高出数倍。

蓝山咖啡的味道醇厚、顺滑、浓烈,风味细腻酸、甘、醇与苦味十分平衡,味道芳香。因其生长的地理区域非常狭小,所以蓝山咖啡的产量十分有限。

图11-2-4

(四) 拿铁咖啡 (Latte)

拿铁咖啡是在意大利浓缩咖啡中加入高浓度的热牛奶与泡沫鲜奶,保留淡淡的咖啡香气与甘味,散发浓郁迷人的鲜奶香,入口滑润而顺畅(见图11-2-5)。拿铁中的咖啡、牛奶与奶泡的比例是1∶8∶1,因此,它更像是一杯牛奶咖啡,只是喝牛奶时有咖啡香。

如果在热牛奶上再加上一些打成泡沫的冷牛奶,就成了一杯美式拿铁咖啡。美式拿铁的通常做法是:底部是意大利浓缩咖啡,中间是加热到65~75℃的牛奶,最后是不超过半厘米厚的一层冷的牛奶泡沫。

图11-2-5

(五) 维也纳咖啡 (Viennese)

维也纳咖啡是奥地利最著名的咖啡,以浓浓的鲜奶油和巧克力的甜美风味迷倒全球人士。咖啡上层雪白的鲜奶油上,洒落五色缤纷的七彩米,扮相非常漂亮;隔着甜甜的巧克力糖浆、冰凉的鲜奶油啜饮滚烫的热咖啡,更是别有一番风味!这种维也纳咖啡有着独特的喝法:不加搅拌,开始是凉奶油,感觉很舒服,然后喝到热咖啡,最后感觉出砂糖的甜味,有着三种不同的口感。

维也纳咖啡的制作有点像美式摩卡咖啡。首先在湿热的咖啡杯底部撒上薄薄一层砂糖或细冰糖,接着向杯中倒入滚烫而且偏浓的黑咖啡,最后在咖啡表面装饰两勺冷的新鲜奶油,一杯经典的维也纳咖啡就做好了(见图11-2-6)。

图11-2-6

(六) 土耳其咖啡 (Turk Kahvesi)

土耳其咖啡既不是蒸馏式的也不是冲泡式的,而是用很细的土耳其咖啡粉,加冷水,用小锅以小火慢煮至沸腾,煮出一杯杯又苦又浓的泡沫咖啡。土耳其人知道这么浓的咖啡对健康有碍,所以所用的瓷咖啡杯盘体积都非常迷你,约是普通咖啡杯容量的一半。

配制方法:在奶盆里倒入研磨的深煎炒咖啡和肉桂等香料,搅拌均匀,然后倒入锅里,加水煮沸3次,从火上拿下。待粉末沉淀后,将清澈的液体倒入杯中,这时慢慢加入橙汁和蜂蜜即成(见图11-2-7)。

图11-2-7

（七）哥伦比亚咖啡（Colombia）

哥伦比亚咖啡是少数以冠以国名出售的单品咖啡之一。烘焙过的咖啡豆具有酸中带甘、苦味中平的特征。

哥伦比亚咖啡经常被描述为具有丝一般柔滑的口感，在所有的咖啡中，它的均衡度最好，口感绵软、柔滑，带有甘甜的淡香（见图11-2-8）。

图11-2-8

（八）夏威夷咖啡（Kona）

夏威夷产的科纳（Kona）咖啡豆，果实异常饱满，而且光泽鲜亮。咖啡的口味浓郁芳香，并带有肉桂香料的味道，酸度也较均衡适度（见图11-2-9）。

图11-2-9

（九）爱尔兰咖啡（Irish coffee）

爱尔兰咖啡是一种既像酒又像咖啡的咖啡，原料是爱尔兰威士忌和咖啡豆。

把风味独到的特制意大利浓咖啡佐以威士忌、糖和鲜奶油，让意大利浓咖啡的香浓被威士忌提升得更为明显，并与鲜奶油调和出香滑顺口、甘苦适中的滋味（见图11-2-10）。

图11-2-10

（十）摩卡咖啡（Mocha）

摩卡咖啡得名于也门的海边小镇摩卡。在15世纪时，这里是重要的咖啡出口贸易港口，因而形成了独特的咖啡风味。

摩卡咖啡的配制方法是：在杯中加入巧克力糖浆和浓缩咖啡，搅拌均匀，加入1大匙奶油浮在上面，淋上巧克力酱，最后再添加一些肉桂棒（见图11-2-11）。

图11-2-11

三、咖啡对人体的影响

（一）咖啡因起的作用

咖啡豆里含有植物营养素及多酚，是对身体有益的抗氧化物，而咖啡因会经由血液快速抵达大脑，让人感到精神提振。有研究者表示，咖啡因会对脑内的腺苷酸产生干扰，而腺苷酸是神经系统的镇静剂，会抑制大脑活动及促进睡眠。当腺苷酸受体被咖啡因干扰后，腺苷酸对大脑影响的效果就会减弱，让人感到精神振奋。另外也有研究发现吸收咖啡因会增强记忆力。

但喝太多咖啡就会导致失眠。如果晚上不易入睡，建议中午以后就避免咖啡因的摄取。大部分的人平均需要4~6小时才能将血液中的咖啡因代谢至原先的一半。当然实际情况依每个人的体质有所差异。

（二）咖啡因会影响人的情绪

咖啡因会让脑内的多巴胺增加，让人觉得心情愉快，但每天喝咖啡的人容易对此形成依赖，导致没喝咖啡时会出现烦躁及头痛等戒断症状。研究显示，高剂量咖啡因会使人增加焦虑及恐慌，已经有这些心理健康问题的人会对咖啡因更敏感，情绪更容易受咖啡因影响。

（三）促进排便，降低胆结石发生率

有没有注意到每次喝完咖啡后，总是想上厕所？因为咖啡因会直接刺激结肠肌，促进排便，如果喝的是热咖啡，会帮助结肠放松，促进排便的效果更明显。咖啡因也会刺激胆囊肌肉，降低产生胆结石的概率。

（四）喝咖啡会使心跳变快

虽然喝下大量的咖啡因会使血压上升、心跳速度变快，但对健康的成人来说，每天喝一至三杯的咖啡不至于对身体产生负面影响。

（五）喝咖啡不会脱水，有助于减肥

咖啡是非常温和的利尿剂，只有一天喝下超过8杯咖啡而且没喝其他东西，才有可能出现轻微脱水的情况。咖啡还有协助人体燃烧体内多余脂肪的作用，可以增强人们的耐力，降低患2型糖尿病的风险，加强脑功能，保护肝脏。

第三节　其他饮料

✳学习目标✳

1. 了解碳酸饮料的种类和鉴别方法。
2. 了解碳酸饮料对人体的危害。
3. 了解饮用矿泉水的特征、分类方法。
4. 掌握矿泉水的真假鉴别方法。
5. 掌握乳品饮料的分类和储存方法。
6. 了解果蔬饮料的特点。
7. 了解果汁饮料、蔬菜汁饮料的种类。
8. 了解果蔬饮料的发展。

一、碳酸饮料

碳酸饮料是将二氧化碳气体与不同的香料、水分、糖浆及色素等食品添加剂结合在一起所形成的气泡式饮料。

（一）碳酸饮料的种类

碳酸饮料是含碳酸成分的饮料的总称。其优点是在饮料中充入二氧化碳气体，饮用时泡沫多而细腻，饮后爽口清凉。碳酸饮料可分为苏打型、水果味型、果汁型、可乐型等类别。

（1）苏打型。苏打型碳酸饮料是饮用水经加工压入二氧化碳的饮料，不含有人工合成香料，也不使用任何天然香料。常见的有苏打水（见图11-3-1）、俱乐部苏打水以及矿泉水碳酸饮料。

图11-3-1

（2）水果味型。水果味型碳酸饮料主要是加入食用香精和着色剂，具有一定水果香味和色泽的汽水。这类汽水通常色泽鲜艳、价格低廉、不含营养素，具有清凉解渴的作用。其品种繁多，产量也很大。人们可以用不同的食用香精和着色剂来模仿很多水果的香味和色泽，制造出各种果味汽水，如柠檬汽水（见图11-3-2）、奎宁水、姜汁汽水等。

图11-3-2

（3）果汁型。果汁型碳酸饮料是在原料中添加了一定量的新鲜果汁制成的碳酸汽水（见图11-3-3）。它除了具有水果所特有的色、香、味之外，还含有一定的营养素，有利于身体健康。当前，在饮料向营养型发展的趋势下，果汁汽水的生产量也大大增加，越来越受到人们的欢迎。一般果汁汽水中的果汁含量大于为2.5%。

图11-3-3

（4）可乐型。可乐型碳酸饮料是由多种香料与天然果汁、焦糖色素混合后充气而成。如风靡全球的美国可口可乐，它的香味除来自古柯树树叶的浸提液外，还含有砂仁、丁香等多种混合香料，因而味道特殊，极受人们欢迎（见图11-3-4）。美国是可乐饮料的发源地，其产品的产量在世界上处于垄断地位，可口可乐与百事可乐的行销范围遍及世界各地。

图11-3-4

（二）碳酸饮料的鉴别

（1）一般瓶装汽水液面距瓶口应为3~6厘米。

（2）瓶口干净、无锈迹，塑料瓶或易拉罐装的用手捏不动。

（3）上下摇动，瓶中产生大量气泡，则表明密封良好。

（4）透明型汽水倒置后对光检查，不得有云雾状絮状物或颗粒；果肉型不得有分层或明显沉淀物。

（5）若甜味不足、异味有余，表明汽水变质。

（6）若二氧化碳的清爽刺激感不明显，表明饮料中二氧化碳含量低。

（7）选购时还应查看包装容器底部是否有絮状沉淀物，以及产品的外观、产品生产日期与最佳消费日期等。一般来说，品牌知名度大、信誉度高的产品质量较有保障。

（三）碳酸饮料对人体的危害

1.碳酸饮料多饮腐蚀牙齿

少量饮用碳酸饮料没有问题，然而，大量饮用容易造成对牙齿的腐蚀。碳酸饮料中的磷酸、碳酸会与牙釉质产生反应，导致牙釉质脱钙，牙齿矿物质被溶解，牙面变薄，表面变脆弱、碎落，继而出现牙体缺损，牙龈暴露。一旦遇冷、热、酸、甜等刺激，牙齿会产生严重的酸痛感。医学上称之为"牙齿酸蚀症"。因此，要尽量减少饮用碳酸饮料，或者改用吸管饮用，最关键的是把握好度，适度饮用，过犹不及。

2.边吃肉边喝碳酸饮料易致骨质疏松

研究表明，边吃肉边喝碳酸饮料可能导致体内钙质流失。因为肉类本身含钙量极低，同时还含有大量的成酸性元素，其主要构成元素是磷、硫和氯，它们会让血液趋向酸性，因此身体不得不用食物或骨骼中的钙离子来中和成酸性元素，从而导致体内钙元素的流失，减少钙的吸收。吃肉时过量地喝碳酸饮料，碳酸饮料中的高磷可能会改变人体中的钙、磷比例，加剧钙的流失。所以，这样的生活习惯应该及早改变。

3.过量饮用碳酸饮料会损伤肾脏

从小到大爱喝饮料，尤其是碳酸饮料，并且把它奉为解渴上品的小朋友不计其数，如果再加上不爱运动，长时间发展为小胖墩，那么危险就随之而来了。有一个16岁的患者就是典型的代表，不爱运动爱喝饮料的他出现了脚关节疼痛的症状，经诊断确定为肾脏损伤，表现为痛风严重，如果不加以控制，很可能发展为尿毒症。有研究发现，碳酸饮料，无论含糖与否，如果一天之内饮用两瓶或者两瓶以上，罹患慢性肾病的风险就增大两倍。

4.易导致肾结石

钙是结石的主要成分。如果饮用了过多含咖啡因的碳酸饮料，小便中的钙含量会大幅增加，更容易产生结石。如果服用的咖啡因更多，那么危害就更大。人体内镁和柠檬酸盐原本是可以帮助人预防肾结石的形成，可是饮用了含咖啡因的饮料后，将这些物质也排出体外，使得患结石病的风险大大提高了。

二、矿泉水

（一）饮用矿泉水的特征

天然矿泉水是一种矿产资源，来自地下水，含有一定量的矿物盐和微量元素，有些还含二氧化碳气体，在通常情况下其化学成分、流量、温度等动态指标相对稳定。

（二）饮用矿泉水的分类

饮用矿泉水可分为不含气矿泉水、含气矿泉水和人工矿泉水。

（1）不含气矿泉水。原矿泉水中不含有二氧化碳气体，只需将矿泉水用泵抽出，经沉淀、过滤，加入适量稳定剂后即可装瓶，以保证矿泉水中的有益成分不致损失。如果原矿泉水中含有二氧化碳等气体，脱除气体即为无气矿泉水。不含气矿泉水是目前最为流行的矿泉水。

（2）含气矿泉水。含气矿泉水是将天然矿泉水及所含的二氧化碳气体一起用泵抽出，通过管道进入分离器，使水、气分离。气体进入气柜进行加压。矿泉水自分离器底部流出，用泵打入储罐进行消毒处理，然后进入沉淀池除去杂质，再过滤到另一储缸。经过滤处理后的矿泉水，须加入柠檬酸、抗坏血酸等稳定剂，以保留矿泉水中适量的有益元素。装瓶前将过滤后的矿泉水导入气液混合器中与二氧化碳气体混合，最后装瓶。

（3）人工矿泉水。人工矿泉水是用优质泉水、地下水或井水进行人工矿化。人工矿化有两种方法：其一是直接强化法，即将优质天然泉水、井水或其他地下水进行杀菌和活性炭吸附，使之成为不含杂质、无菌、无异味的纯净水，然后加入含有特种成分的矿石和无机盐，经过一定时间的溶解矿化，进行过滤，装瓶前以紫外线杀菌，再进行装瓶。其二是二氧化碳浸浊法，即在一定的压力下使含二氧化碳的原料水与一定浓度的碱土金属盐相接触，使碱土金属盐中有关成分与含二氧化碳的原料水反应，生成碳酸氢盐于水中，使原水矿化。待达到预期矿化度时，经过滤、杀菌后再行装瓶。

（三）矿泉水真假鉴别

（1）透明度。在日光照射下无色透明，不含杂质，无混浊。

（2）折光率。矿泉水因富含矿物质，折光率比自来水高。

（3）密度。矿泉水密度比自来水大，表面张力也相应增大。

（4）热容量。在相同温度下吸热、放热速度均慢于自来水，矿泉水在高温季节表面有冷凝小水珠出现。

（5）口感。矿泉水口感甘甜无异味（碳酸型略有苦涩感）。

知识衔接

纯净水与矿泉水的区别

矿泉水是从地下深处自然涌出或经钻井采集的，含有一定矿物质、微量元素或其他成分的水。矿泉水中的微量元素能参与人体内激素、核酸的代谢，应该说是人体所需要的保健成分，但有许多矿泉水不符合卫生要求，即使是卫生合格的矿泉水，因人的身体条件不同，所需微量元素种类和数量也不同，所以矿泉水的微量元素和离子也并非对所有人都有益。据报道：人体内微量元素的生理浓度和中毒剂量很接近，微量元素过量比摄入不足对人体更有害，因此，生理保健专家特别指出：微量元素不可乱补。矿泉水虽然含有一定量的微量元素，如果人体所需的微量元素已经满足，再补进去，多了就会在血液、细胞内沉积，导致微量元素代谢失调，增加肾脏负担，易产生肾结石、尿道结石及胆结石等。所以说，饮用何种类型的矿泉水应在医生指导下选择，且矿泉水不应作为长期饮用的水。

经纯化处理后的水叫纯净水，因宇航员最早饮用的是这种水，故也叫太空水。正常人适当饮用纯净水，有助于人体的微循环，但不宜长期饮用，因为它不仅除去了水中的细菌、病毒、污染物等杂质，也除去了对人体有益的微量元素和矿物质，如钙、镁几乎被除净。因此，长期饮用纯净水会影响体内电解质酸碱平衡，影响神经、肌肉和多种酶的活动，特别是老人和儿童，如不及时补充营养及钙质，容易缺乏营养和患缺钙症。对于并非营养过剩的人，不宜长期饮用纯净水。

三、乳品饮料

（一）乳品饮料分类

1.新鲜牛奶

鲜奶在市面上销售量很大，其主要特征是经过杀菌消毒。鲜奶大多采用巴氏消毒法，即将牛奶加热至60～63℃，并维持此温度30分钟，这样既能杀死全部致病菌，又能保持牛奶的营养成分，杀菌效果可达99%。另外还有一种高温短时消毒法，即将牛奶加热至80～85℃维持10～15秒，或加热至72～75℃维持16～40秒。

新鲜牛奶可分为以下一些类别。

（1）全脂牛奶：即保留原奶中的脂肪。

（2）低脂牛奶（skim milk）：即把牛奶中的脂肪含量降低。

（3）调味牛奶：即在牛奶中添加特殊风味原料，改变普通牛奶的味道。最常见的是巧克力牛奶、可可牛奶以及各种果汁牛奶。

2.奶水

奶水是指含奶成分较高的饮品。常见的奶水有以下几种。

（1）鲜奶油：当作其他饮料的配料。

（2）餐桌乳饮：当作咖啡的伴饮。

（3）乳饮料：脂肪含量为10%～12%。

3.发酵乳饮料

牛乳经杀菌、降温，添加特定的乳酸菌发酵剂，再经均质或不均质恒温发酵、冷却、包装等工序制成的饮料，称为发酵乳饮料。常见的发酵乳饮料有酸乳和酸奶。

（1）酸乳。酸乳是脂肪含量在18%以上，在牛奶中加入乳酸菌发酵后，再加入特定的甜味料，使其具有苹果、菠萝和特殊风味的饮料。

（2）酸奶。酸奶是一种具有较高营养价值和特殊风味的饮料。它是以牛乳等为原料，经乳酸菌发酵制成的产品。酸奶能增强食欲，刺激肠道蠕动，促进机体的新陈代谢，从而促进人体健康。酸奶的种类很多，按组织状态可分为凝固型和搅拌型酸奶；按产品的化学成分可分为全脂、脱脂、半脱脂酸奶；按加糖与否可分为甜酸奶和淡酸奶。

（二）乳品饮料的储存方法

（1）乳品饮料在室温下容易变质，应冷藏在4℃的温度下。

（2）牛奶易吸收异味，冷藏时应包装严密，并与有刺激性气味的食品隔离。

（3）牛奶冷藏时间不宜太长，应每天饮用新鲜牛奶。

（4）冰激凌应冷藏在-18℃以下。

知识衔接

乳饮料是饮料还是奶？

乳饮料和牛奶的区别有哪些呢？乳饮料是饮料还是奶？含乳饮料中只有一部分是牛奶，其余主要是水。含乳饮料与牛奶有三个方面的差别。

（1）加工过程不一样。纯牛奶是用健康的奶牛生产的新鲜优质的牛奶，经有效的加热杀菌处理后，分装出售的饮用奶；而乳饮料是以牛奶为原料，在加工过程中加入适量的水、蔗糖等辅料，经有效杀菌，有的还加入乳酸菌发酵制成。

（2）乳蛋白含量不同。我国《食品安全国家标准 生乳》明确规定，牛奶中的蛋白质含量需大于2.8克/100克，而含乳饮料，《含乳饮料国家标准》规定，配置型含乳饮料及发酵型含乳饮料中蛋白质应不少于1克/100克，乳酸菌饮料中蛋白质应不少于0.7克/100克。

（3）添加物不一样。含乳饮料中只含有一部分牛奶，还添加了果粒、果汁、核桃等成分，牛奶中一般配料就是生牛乳、纯牛奶等，不会添加水。

四、果蔬饮料

（一）果蔬饮料的特点

所谓果蔬饮料，是指未添加任何外来物质，直接以新鲜或冷藏果蔬为原料，经过清洗、挑选后，采用压榨、浸提、离心等物理方法得到果蔬汁液，以果汁为基料，加水、糖、酸或香料调配而成的饮料。果蔬饮料之所以受到越来越多人的喜爱，是因为它具有许多优点。

1.赏心悦目的色泽

不同品种的果实，在成熟后会呈现出各种不同的鲜艳色泽，这既是果实成熟的标志，又是不同种类果实的特征。果实的色泽是由其色素物质决定的。

2.迷人的芳香

各种果实均有其特有的香气，特别是随着果实的成熟，香气日趋浓郁。这种香气也融入果汁中，构成了不同果汁特有的风味。果汁的芳香来自其中的芳香物质，大都具有挥发性，种类繁多。芳香物质虽存在量甚微，但对香气和风味的呈现却具有十分重要的作用。果蔬饮料中的芳香物质包括各种酮类、醇类、酯类等，均具有较强的挥发性，在加工处理过程中应尽力避免其挥发，以保持天然水果浓郁而迷人的芳香。

3.怡人可口的味道

形成果蔬饮料味道的主要成分是糖和酸性物质。糖可以提供甜味，果蔬饮料中形成甜味的主要成分是蔗糖、果糖和葡萄糖，其他甜味物品质微而不显。糖是随着果实的成熟不断形成和积累的，故成熟的果实较甜。酸性物质主要是柠檬酸、苹果酸、酒石酸等有机酸，各种果实中含酸的种类和数量不同，故酸味也有差异。如苹果以苹果酸为主，柑橘类以柠檬酸为主，而葡萄则以酒石酸为主。

4.丰富的营养

果蔬饮料中除了糖和酸性物质外，还有许多其他成分，包括蛋白质、氨基酸、磷脂等，都是人体所需的营养素。氨基酸能溶于果汁，而蛋白质、磷脂多与固体组织相结合，悬浮于浑浊果汁中，故浑浊型果汁营养价值较高。维生素是人体内进行能量转换所必需的物质，能产生控制和调节代谢的作用。人体对它的需求量虽少，但其作用却非常重要。维生素在体内一般不能合成，多来自食物，而水果和蔬菜是维生素的主要来源。但有些维生素受热时最容易被破坏，在制取果汁时要加倍注意。果蔬饮料中还含有许多人体需要的微量元素，如钙、磷、铁、镁、钾、钠、铜、锌等，它们以硫酸盐、磷酸盐、碳酸盐或与有机物结合的盐类等形式存在，对构成人体组织与调节生理机能起着重要的作用。

正因为果蔬饮料具有悦目的色泽、迷人的芳香、怡人的味道和丰富的营养，故而成为深受人们欢迎的饮料。

(二)果蔬饮料的种类

1. 果汁

果汁是指采用机械方法将水果加工制成的未经发酵但能发酵的汁液,或采用渗滤或浸提工艺提取水果中的汁液,再用物理方法除去加入的溶剂制成的汁液,或在浓缩果汁中加入与果汁浓缩时失去的天然水分等量的水制成的具有原水果果肉色泽、风味和可溶性固形物的汁液。

2. 果浆

果酱是指采用打浆工艺将水果或水果的可食部分加工制成的未经发酵但能发酵的浆液,或在浓缩果浆中加入与果浆在浓缩时失去的天然水分等量的水制成的具有原水果果肉色泽、风味和可溶性固形物的制品。

3. 浓缩果汁和浓缩果浆

这是指用物理方法从果汁或果浆中除去一定比例的天然水分而制成的具有原有果汁或果浆特征的制品。

4. 果肉饮料

果肉饮料是指在果浆或浓缩果浆中加入水、糖液、酸味剂等调制而成的制品,成品中果浆含量不低于300g/L;或用高酸、汁少肉多的水果调制而成的制品,成品中果浆含量不低于200g/L。含有两种或两种以上不同品种果浆的果肉饮料称为混合果肉饮料。

5. 果汁饮料

果汁饮料是指在果汁或浓缩果汁中加入水、糖液、酸味剂等调制而成的清汁或浊汁制品。成品中果汁含量不低于100g/L,如橙汁饮料、菠萝汁饮料等。含有两种或两种以上不同品种果汁的果汁饮料称为混合果汁饮料。

6. 果粒果肉饮料

果粒果肉饮料是指在果汁或浓缩果汁中加入水、切细的水果果肉、糖液、酸味剂等调制而成的制品,成品果汁含量不低于100g/L,果粒含量不低于50g/L。

7. 水果饮料浓浆

水果饮料浓浆是指在果汁或浓缩果汁中加入水、糖液、酸味剂等调制而成的,含糖量较高,稀释后方可饮用的饮品。按照该产品标签上标明的稀释倍数稀释后,果汁含量不低于50g/L。含有两种或两种以上不同品种果汁的水果饮料称为混合水果饮料浓浆。

8. 水果饮料

水果饮料是指在果汁或浓缩汁中加入水、糖、酸味剂等调制而成的清汁或浊汁制品,成品中果汁含量不低于50g/L,如橘子饮料、菠萝饮料、苹果饮料等。含有两种或两种以上不同品种果汁的水果饮料称为混合水果饮料。

(三)蔬菜汁及蔬菜汁饮料种类

1. 蔬菜汁

蔬菜汁是指在用机械方法将蔬菜加工制得的汁液中加入水、食盐、白砂糖等调制而成的制品,如番茄汁。

2. 蔬菜汁饮料

蔬菜汁饮料是指在蔬菜汁中加入水、糖液、酸味剂等调制而成的可直接饮用的制品。含有两种或两种以上不同品种蔬菜汁的蔬菜汁饮料称为混合蔬菜汁饮料。

3.复合果蔬汁饮料

复合果蔬汁饮料是指在按一定配比的蔬菜汁与果汁的混合汁中加入白砂糖等调制而成的制品。

4.发酵蔬菜汁饮料

发酵蔬菜汁饮料是指在蔬菜或蔬菜汁经乳酸发酵后制成的汁液中加入水、食盐、糖液等调制而成的制品。

5.其他

如食用菌饮料、藻类饮料等。

（四）果蔬饮料的发展

1.复合果汁及复合果蔬汁

复合型果汁饮料及果蔬汁饮料发展较快，流行品种较多，市场上常见的有菠萝汁或橙汁等热带果汁与不同蔬菜汁的复合果汁饮料。据行业专家分析，果蔬复合汁饮料必将成为一种异军突起的新潮流。果蔬复合汁作为高档次果汁饮料，要想成为消费热点，要克服生产加工过度、追求低成本、工艺简化等弱点，严把产品质量关，提高产品包装档次和产品质量，做到高档次、高收益。

2.功能型果汁饮料

某些对人体功能具有改善作用的果蔬汁饮料亦将成为未来果汁饮料发展的热点，下面几种果蔬汁的开发及生产应当引起果蔬汁生产厂家的重点关注。

花卉饮料：这种天然的新型花卉型饮料颜色赏心悦目，其香味也芳香宜人，具有滋润皮肤、美容养颜、提神醒目之功效，特别受到年青女性消费者的青睐。花卉含有人体必需的矿物质元素、氨基酸、蛋白质及植物激素，对人体具有独特的营养作用。

富碘果汁饮料：是一种以海洋藻类提取液与果汁为原料，采用科学方法加工而成的天然食品。由于海藻中含有海藻糖、甘露醇及人体必需的各种氨基酸、微量元素和多种维生素，所以该饮料不仅具有补碘作用，而且对降血脂、软化血管和改善肝脏、心脏和其他主要器官的功能，效果都十分明显。

高纤维饮料：该饮料被摄入人体后能吸附肠胃中的毒素和其他不良自由基，加快排出体外，起到预防疾病的目的。饭前摄入纤维素饮料还可以减少饮食，有利于减肥塑身，保持理想身材，受到女性消费者的青睐。

3.纯天然、高果汁含量的果汁饮料

高果汁含量的果蔬汁饮料含有较丰富的矿物质元素及其他天然营养成分，不含有或较少含有合成的食品添加剂。品种有：橙汁、西柚汁、苹果汁、草莓汁、葡萄汁、梨汁、芒果汁、桃汁、杏汁、猕猴桃汁、山楂汁、菠萝汁、番石榴汁、西番莲汁、番茄汁、胡萝卜汁等。果汁的含量多在30%～50%，有的品种的果汁含量甚达到100%。

4.果汁奶饮料

将果蔬汁与牛奶有机结合生产出真正意义上的果汁奶，在中国乳品饮料及果蔬汁饮料市场上也有较大发展。果蔬汁与牛奶有机结合可以兼顾牛奶中的蛋白营养成分及果蔬的芳香、色泽及其他矿物营养，起到营养互补、风味及口感相互协调等作用。例如将橙汁和胡萝卜汁与牛奶合理搭配生产的橙胡萝卜果汁奶，除含有牛奶的蛋白营养外，又含有丰富的维生素A及维生素C，长期给儿童服用可以促进儿童的健康生长发育。合理的配方及先进的生产工艺技术巧妙地遮盖了胡萝卜的不适气味，能够使儿童由不喜欢吃胡萝卜变为喜欢喝胡萝卜果汁奶。

课后练习

一、名词解释

1. 绿茶

2. 红茶

3. 天然矿泉水

4. 果汁饮料

二、填空题

1. 乌龙茶出现于中国的_____朝。

2. _____有"青蒂绿腹、红镶边、三节色"之称。

3. 大红袍属于_____乌龙。

4. 闻名于世的蓝山咖啡产于_____。

5. 卡布奇诺咖啡的英文名是_____。

6. 果味型碳酸饮料含有天然果汁的量在_____%以上。

三、判断题

1. 绿茶的名贵品种有：西湖龙井、碧螺春茶、黄山毛峰茶、庐山云雾、六安瓜片等。（　　）

2. 茶的汤色是消费者欣赏茶的主要内容，也是茶叶质量评判的重要因素。（　　）

3. 西湖龙井因"淡妆浓抹总相宜"的西湖和"龙泓井"水而得名，是我国著名绿茶之一。（　　）

4. 蓝山咖啡配制方法：把深煎炒的咖啡预先加热，倒入小咖啡杯里，加2小匙砂糖，再加1大匙奶油浮在上面，淋上柠檬汁或橙汁，用肉桂棒代替小匙插入杯中。（　　）

5. 碳酸饮料可分为苏打型、水果味型、果汁型、可乐型等类别。（　　）

6. 酸乳是一种有较高营养价值和特殊风味的饮料。它是以牛乳等为原料，经乳酸菌发酵而制成的产品。（　　）

7. 水果饮料指在果汁或浓缩果汁中加入水、糖液、酸味剂等调制而成的，含糖量较高，稀释后方可饮用的饮品。（　　）

四、简答题

1. 简述龙井茶的制作工艺。

2. 简述碧螺春的工艺和特点。

3. 如何鉴别茶叶？

4. 介绍卡布奇诺咖啡。

5. 咖啡对人体有什么危害？

6. 简述果蔬饮料的发展。